LES VINS FRANÇAIS
ET LE VINAGE

MONTPELLIER. — TYPOGRAPHIE CHARLES BOEHM.

LES

VINS FRANÇAIS

ET LE

VINAGE

PAR UN VITICULTEUR

ANCIEN NÉGOCIANT EN VINS.

> Les pays ne sont pas cultivés en raison de leur fertilité, mais en raison de leur liberté.
> MONTESQUIEU; *Espr. des Lois*, XVIII, III.

MONTPELLIER
CAMILLE COULET, LIBRAIRE-ÉDITEUR
LIBRAIRE DE L'ÉCOLE NATIONALE D'AGRICULTURE
PARIS
A. DELAHAYE ET E. LECROSNIER, LIBRAIRES-ÉDITEURS
Place de l'École-de-Médecine, 23
1888

LES VINS FRANÇAIS
ET LE VINAGE

I.

Dans la lutte que les viticulteurs, groupés sous un chef éminent, se sont enfin décidés à entreprendre pour la défense de leur malheureuse industrie, leur premier soin doit être, semble-t-il, de faire l'union dans les idées pour arriver à l'union dans l'action. Pour parvenir à cette entente unanime, il est nécessaire d'examiner les causes du mal, d'étudier les remèdes proposés et, après avoir choisi les meilleurs, de formuler cette décision dans un programme adopté par tous les mandataires de la viticulture et défendu par eux jusqu'au triomphe de la plus juste des causes.

Les maux dont souffre la viticulture sont de deux sortes.

Les premiers, les maux naturels, c'est l'invasion phylloxérique, escortée du Mildew, de la Chlorose, du Black rot, etc., fléaux naguère inconnus, désormais ajoutés à l'Oïdium et à la longue liste des anciens ennemis de la vigne. Les ravages du puceron américain ont été terribles : il a anéanti douze cent mille hectares de vignes, la moitié du vignoble français, et on évalue à dix milliards en capital et à sept cents millions en revenus la perte éprouvée par la France [1].

Les populations atteintes ne se sont pas livrées au découragement, elles ont lutté avec une science, une constance, une abnégation auxquelles le Gouvernement a souvent rendu hommage, notamment par la voix de MM. de Freycinet, Hervé-Mangon, Tisserand, et l'on peut dire que, si le succès n'est pas absolu, il est à la fois honorable et satisfaisant.

Le département de l'Hérault, qui s'est maintenu à la tête de l'œuvre de reconstitution, nous en fournira la preuve. Envahi vers 1871, il ne lui reste plus, de son magnifique domaine viticole de près de 200 mille hectares, que 23 mille hectares de vignes françaises conservées par la submersion ou les insecticides, spécialement par le sulfure de carbone [2]. Mais depuis 1880, et après les tâtonnements et les échecs des premières années, la replantation en cépages américains, producteurs directs ou porte-greffes, s'est rapidement accrue. En 1885, elle s'est étendue sur 15 mille hectares environ, en 1886 sur 17 mille, pour retomber à 15 mille en 1887. Le vignoble de l'Hérault compte, au 1er janvier 1888, cent mille hectares, dont 77 mille de vignes à racines résistantes. La production éprouve le même relèvement, et la dernière récolte, celle de 1887, est évaluée à près de quatre millions d'hectolitres.

Au prix de quels sacrifices ont été obtenus ces résultats ? On peut en juger. Pendant dix ans, l'Hérault, dont la production moyenne avant le Phylloxera s'était élevée à dix

[1] *Les pertes que la France a éprouvées par le Phylloxera.*— Notes de M. A. Lalande, député de la Gironde, et de M. Cazauvielh, député et président du Groupe viticole à la Chambre.

[2] *Rapports annuels* sur le champ d'expériences du Mas de Las Sorres, par M. H. Marès.

millions d'hectolitres, en a perdu huit millions. 8 millions à 20 fr. pendant dix ans, soit 1,600 millions ; il a dépensé 4,000 fr. par hectare, sur 80 mille hectares, pour leur replantation, soit 320 millions ; c'est-à-dire en tout deux milliards, ou 200 millions par an, perdus par ce seul département.

Et maintenant que, pour atteindre le but, il a épuisé toutes ses réserves, quelle n'est pas sa déception en voyant les vins si chèrement obtenus ne pas trouver acquéreur et lui rester pour compte !

C'est que si le viticulteur a pu maîtriser en partie les fléaux naturels, il en est d'autres contre lesquels il est impuissant, car ils sont en dehors de son action : ce sont les maux politiques et économiques.

Le principal a été le traité de commerce avec l'Espagne, de 1882, stipulant l'entrée en France, pendant dix ans, des vins titrant 15°,9, au droit de 2 fr. l'hectolitre. Le bénéfice de ce tarif s'est étendu, par suite de la clause de la nation la plus favorisée, à diverses autres puissances, entre autres l'Italie, la Prusse, le Portugal. La Grèce et la Turquie ont vu en outre leurs raisins secs admis au droit de 6 fr. les cent kilos, considérés comme équivalant à trois hectolitres de vin[1].

Ces contrées avaient sur nous l'avantage de ne pas avoir à lutter contre le Phylloxera, de n'avoir pas à payer de lourds

[1] Je reproduis ici et dans quelques passages suivants ce que j'écrivais il y a cinq ans, au lendemain du rejet, par la Chambre, du projet de loi sur le vinage, et qui me valut de goûter alors tout l'agrément du rôle de Cassandre. « Vous avez peur que nous ne vendions pas nos vins, me disait-on ; commençons d'abord par en avoir. » On reconnaît aujourd'hui que la prévoyance n'eût pas été inutile, car le mal a duré cinq ans et dure encore.

impôts, sans cesse accrus, de trouver une main-d'œuvre à plus bas prix que la nôtre. De tels avantages ne suffisaient pas : tandis qu'en France le vinage, c'est-à-dire le mélange de l'alcool au vin, est interdit par un droit de 156 fr. par hect. d'alcool pur, rigidement appliqué par la Régie, dans les pays contractants, cette opération est libre et franche de droits ou à peu près.

L'Allemagne, pour favoriser son agriculture, accorde à l'alcool une prime d'exportation de 40 fr. par hect, qui permet de le vendre au dehors à un prix très réduit[1]. L'importation de l'alcool allemand en Italie et en Espagne est passée de 90,000 hect. en 1877 à 1,000,000 d'hect. en 1887, et l'on peut dire, sans crainte d'erreur, que la presque totalité est réimportée en France sous forme de vin. De sorte que tous les vins d'Espagne et d'Italie[2] sont élevés à 15°,9 avec ces alcools allemands et mis en concurrence avec les nôtres, que le Phylloxera et le Mildew réduisent parfois à 6 ou 7 degrés.

Ce n'est pas tout encore. Depuis quelques années, les frets sont tombés à un taux extrêmement bas; il en résulte que de tous les ports d'Espagne, de Portugal, d'Italie même, les vins sont expédiés à Paris à un prix inférieur à celui payé par les départements éloignés de ce centre. Les chemins de fer, pour lutter contre les transports maritimes, appliquent des tarifs internationaux, dits de pénétration, établis de telle sorte qu'un vin ira, par exemple, de Barcelone à Paris, par Cette, à moindre coût que s'il partait de Cette.

[1] Voir, à la dernière page, le tableau des importations de vins et raisins secs en France et alcools en Espagne.

[2] On doit y ajouter les vins d'Algérie, qui, par arrêté du Gouverneur général, en date du 23 janvier 1888, peuvent être vinés en franchise.

Dans ces conditions, les marchés du Nord, le grand débouché de Paris surtout, ont été absolument envahis par les vins exotiques et les vins de raisins secs, et fermés, sans concurrence possible, aux vins naturels français. Pendant quelques années, les grands vides causés par le Phylloxera ont rendu le mal moins sensible ; mais à mesure que le vignoble se reconstitue, que la production redevient considérable, il y a pléthore et impossibilité pour le viticulteur français de vendre son vin, obtenu cependant au prix des plus grands sacrifices. Ce fait se produit, même avec de très faibles récoltes à l'intérieur. Cette année 1887 n'a donné que 25 millions d'hect., alors que la France en consomme 50 millions ; et cependant une partie de cette récolte reste invendue dans les caves de la propriété, tandis que les quais de nos ports suffisent à peine pour débarquer chaque jour, par milliers de fûts, les vins achetés à l'Étranger.

L'importation de ces vins a dépassé 12 millions d'hect. en 1887, évalués 545 millions ; celle des raisins secs s'élevait à 2 millions de tonnes, d'une valeur de 98 millions. C'est un déboursé pour la France de 650 millions, et cette somme s'accroît chaque année.

Aussi voyons-nous, d'un côté la viticulture étrangère multiplier ses plantations, perfectionner ses méthodes de vinification et son outillage, guidée par les conseils et les exemples de nos négociants établis au dehors et subventionnée par notre énorme tribut, et de l'autre les viticulteurs français se demander s'ils doivent continuer à refaire des vignes et s'arrêter, à bout de ressources et effrayés de l'avenir.

De grands établissements organisés pour le commerce des vins se créent dans les ports étrangers, et ceux de France se ferment et restent sans emploi et sans valeur.

L'agriculture allemande, enrichie par la production des

betteraves, base de l'élevage des animaux de boucherie et des récoltes de céréales, atteint à des produits merveilleux, et la nôtre, écrasée, ne parvient à se soutenir qu'en obtenant le relèvement des droits de douane.

Les traités ont été encore plus au détriment du Nord que du Midi ; car si l'on peut dire que celui-ci ne pourrait fournir tout le vin nécessaire à la consommation, le premier, au contraire, pouvait évidemment produire tout l'alcool reçu depuis six ans de l'étranger.

Les conditions déplorables de ces accords internationaux sont dus à plusieurs causes. Dans les régions gouvernementales, la culture de la vigne est souvent considérée comme secondaire ; et cependant, avant le Phylloxera, elle produisait pour une valeur de deux milliards, rendait à l'État 250 millions d'impôts sur ses produits, outre l'impôt foncier, laissait à la nation un bénéfice net de même somme par l'exportation, fournissait à la France entière la boisson salubre et réconfortante par excellence et entretenait une population rurale de 8 millions d'individus, population laborieuse et tempérante, active de corps, de cœur et d'esprit [1].

Nos hommes politiques sont enclins à favoriser l'industrie aux dépens de l'agriculture, soit par suite de doctrines libre-échangistes mal comprises, soit surtout dans l'espoir de gagner les ouvriers des grands centres en leur sacrifiant les populations rurales.

Dans le cas spécial des traités actuels, les ministres ont montré une impardonnable légèreté, d'abord en engageant la France pour dix ans, alors que le moyen de vaincre le Phylloxera était trouvé et permettait de reconstituer le vignoble en cinq ans, si les viticulteurs eussent été encouragés,

[1] Voir *Étude des vignobles de France*, du Dr Guyot, vol. III, pag. 591.

et ensuite en signant le traité autorisant l'entrée des vins à 15°,9 avant d'avoir obtenu des Chambres le droit de vinage, contre-poids indispensable.

La Chambre a méconnu le rôle si important de l'alcool dans le commerce des vins et fait preuve d'inconséquence en rejetant le droit de vinage à l'intérieur, après avoir voté des traités qui l'accordaient à l'étranger. Notre cause, il est vrai, a été bien singulièrement défendue.

On a pu entendre dans la même séance M. Salis, député de l'Hérault, maudire les traités de commerce après les avoir votés et demander la liberté du vinage pour toute la France ; un autre député de l'Hérault, M. Vergnes, repousser le vinage et proposer la taxation au degré, et M. Raspail leur répondre à l'un et à l'autre par la lecture d'une lettre d'un vice-président du Conseil général, toujours de l'Hérault, réclamant instamment le maintien du *statu quo*.

Une quatrième opinion était soutenue par un député des Pyrénées-Orientales, M. Brousse : c'est que le Gouvernement était suffisamment armé contre l'introduction des vins vinés, les traités n'ayant stipulé que l'entrée des vins naturels, et qu'il suffisait d'établir aux frontières des laboratoires de chimie, chargés d'analyser les vins et de repousser tous ceux qui ne provenaient pas de la fermentation du jus de raisin frais, sans aucun mélange.

On comprend que la Chambre ait fermé l'oreille à des demandes aussi discordantes, et qu'après avoir invité les intéressés à s'entendre ensemble elle ait adopté la solution la plus facile, mais en même temps la plus désastreuse, c'est-à-dire le maintien du *statu quo*.

Mais ce désaccord des hommes politiques n'existe nullement au sein des Sociétés agricoles ou des Chambres de commerce, véritables représentants, les unes et les autres, des classes laborieuses et éclairées.

Ainsi, la Société d'Agriculture de l'Hérault a eu l'honneur de prendre l'initiative du mouvement de protestation contre le renouvellement du traité de commerce avec l'Italie, et celle du Gard n'a pas moins bien mérité de la viticulture en adoptant le texte de la pétition de l'Hérault, mettant de côté toute question d'amour-propre et donnant l'exemple de la discipline nécessaire, indispensable au succès.

Les premières démarches de nos mandataires ont obtenu les résultats les plus encourageants. La situation a été exposée devant le pays, l'attention du Gouvernement a été éveillée. Le groupe viticole de la Chambre a pris l'engagement de rejeter tout traité qui sacrifierait nos intérêts. Enfin le Syndicat des viticulteurs de France a été fondé, centre permanent pour l'étude, la représentation et la défense de la première peut-être de nos industries nationales, du plus beau fleuron, certainement, de la couronne agricole de notre pays.

Certes nos plaintes et nos demandes ne sont pas exagérées. Nous, viticulteurs français, après avoir consacré une partie de notre existence et de notre fortune à rendre à notre patrie la vigne, l'une des principales sources de sa richesse, nous en sommes réduits à solliciter pour nos vins, dans notre propre pays, l'égalité avec les vins étrangers.

Que nous faut-il pour réussir? Arriver à une entente complète entre nous. Le jour où l'accord sera fait, le succès est certain. Appuyés sur les masses rurales, dont nous partageons les travaux et les épreuves; animés du désir d'être utiles au pays, que nous servons en cultivant son sol, comment le Gouvernement et les Chambres pourraient-ils refuser de donner satisfaction à nos vœux?

La pétition des Sociétés d'Agriculture de l'Hérault et du Gard, à laquelle ont adhéré nombre d'autres Sociétés et des milliers de viticulteurs, a établi les bases de cette entente au sujet des traités de commerce. Restreinte à ce but spécial, elle a dû réduire ses propositions à de larges et brèves formules, en évitant des questions d'une importance majeure, mais susceptibles de controverse. Elle a en outre rencontré, sur quelques points, de l'opposition parmi nos représentants politiques.

Notre dessein est de la compléter, en donnant les raisons de notre adhésion, en combattant certaines oppositions et en nous efforçant d'élucider et d'amener une entente sur les questions de législation viticole qu'elle n'a pas touchées. Nous étudierons d'abord celles qui naissent de nos rapports avec les nations étrangères et ensuite celles qui ont trait au régime et aux règlements intérieurs, et spécialement au vinage à droit réduit.

II.

Traités de commerce. — Les populations viticoles ont été, sous le second Empire, des plus empressées à approuver les traités de commerce. Aujourd'hui elles se joignent aux représentants des régions agricoles et à ceux même de l'industrie pour les condamner. Ce revirement dans les idées n'empêche nullement de reconnaître qu'un traité peut être bon ou mauvais selon les clauses qu'il renferme, de convenir qu'il est avantageux pour le commerce aussi bien que pour l'industrie et l'agriculture, d'être fixés sur les tarifs de douane étrangers et nationaux pendant une période de quelque durée. Mais l'expérience a prouvé le danger d'aliéner sa liberté et de contracter des engagements à long terme, que l'on ne peut modifier ni rompre.

L'état de notre civilisation rend inévitable l'enchevêtrement des intérêts internationaux et complique les données d'un traité. Il faut tenir compte, non seulement des productions de l'État avec lequel on contracte, de ses impôts et lois intérieures, des conventions qui le lient avec d'autres États, de ses tarifs de douane au moment du traité, mais encore des modifications qu'il peut y apporter pendant sa durée. Oublier un de ces éléments et de ces prévisions, c'est s'exposer à voir le traité couvrir les abus les plus graves et servir des intérêts tout autres que ceux des puissances contractantes en permettant l'introduction des marchandises d'un tiers à des conditions imprévues, ruineuses et absolument contraires à la bonne foi.

« Dans notre siècle de révolutions économiques, une découverte nouvelle suffit à transformer une exploitation, une industrie et à modifier sa situation vis-à-vis de l'étranger. »

Les grandes espérances de paix et de fraternité universelles, fondées sur le libre-échange, ont été déçues.

« On nous a trompés quand on annonçait que les peuples liés à nous par les intérêts commerciaux seraient nos alliés naturels au moment du danger. Nous leur avions accordé de grands avantages, et ils sont restés indifférents dans leur froid égoïsme et pas une main secourable ne s'est tendue vers la France agonisante.

» L'art. 11 du traité de Francfort (accordant à l'Allemagne le traitement de la nation la plus favorisée) imposait à un Gouvernement sage et prévoyant l'obligation de ne pas prendre d'autre engagement.

» Enfin, c'est parce qu'elle était liée par ces maudits traités que la France n'a pas pu demander et exiger de l'Étranger un peu de l'or qui devait payer sa rançon. »

Ce n'est ni un viticulteur, ni un agriculteur qui blâme

les traités avec cette véhémence, mais bien le Président de l'Association de l'industrie française, M. Acloque[1].

Renoncer aux traités de commerce, vouloir vivre à l'abri d'un tarif général de douanes, modifiable librement et à volonté, est-ce embrasser la doctrine de la protection et répudier le principe du libre-échange? Est-ce rétrograder vers l'idée surannée que chaque peuple doit produire tout ce dont il a besoin et vouloir élever une muraille infranchissable de droits prohibitifs pour protéger l'existence artificielle d'industries et de cultures dont les produits pourraient être fournis par l'étranger à des prix très inférieurs? Non assurément.

Mais c'est craindre l'application exagérée et universelle des principes libre-échangistes et reconnaître que la préférence accordée au produit le meilleur marché ne doit pas être absolue. C'est être effrayé des erreurs irréparables commises dans nos derniers traités, dont les négociateurs n'ont pas tenu compte des droits les plus justes. Ainsi, n'est-il pas évident qu'*un État doit toujours imposer à une marchandise étrangère des droits égaux aux impôts prélevés à l'intérieur sur la production des denrées similaires* ? Agir autrement, c'est commettre une injustice et tendre à détruire l'industrie nationale. Si un État obligé de demander à ses citoyens des impôts élevés et un long service militaire ne compense pas ces deux causes d'infériorité pour son agriculture par des droits équivalents sur les produits étrangers, il favorise ceux-ci aux dépens de ses producteurs.

Les libre-échangistes admettent d'ailleurs plus que ce droit de compensation, en disant, comme Michel Chevalier, « *qu'un État peut établir des droits de douane pour soute-*

[1] Discours prononcé au banquet des Agriculteurs de France, février 1888.

nir une industrie naissante, à la condition que la durée en soit limitée et qu'ils ne soient pas excessifs[1] ».

Ce qu'un État peut faire pour une industrie naissante dont l'avenir est incertain et l'utilité encore à prouver, il le doit, à plus forte raison, pour une industrie identifiée avec son sol depuis de longs siècles, source incontestée de richesse et de gloire pour la nation, tarie par un fléau passager.

Chez tous les peuples, dans tous les pays, en cas de malheur particulier, l'humanité, comme l'intérêt commun, exige que des secours, ou tout au moins des allègements de charge, empêchent celui qui est frappé de succomber et l'aident à se relever. Le Gouvernement a-t-il rempli ce devoir envers ceux dont les vignobles ont été détruits par le Phylloxera ; a-t-il établi des droits de douane pour soutenir leur industrie renaissante ; a-t-il mis sur les vins étrangers des droits équivalents aux impôts intérieurs ; ces impôts, les a-t-il quelque peu diminués pour les victimes du désastre ?

M. de Freycinet, s'adressant comme premier Ministre aux viticulteurs de l'Hérault, répondra à ces questions[2].

« A la crise générale, est venu s'ajouter pour vous un fléau particulier, pire que les désastres de 1870, au point de vue financier. . . . .

« Ne comprend-on pas, après cela, combien est grand le mérite de ce département, combien est remarquable sa virilité, alors que par sa seule force, sans aucun appui du dehors, ne prenant conseil que de lui-même, il a réussi à tenir tête au fléau et à le faire reculer. »

Ces populations du Midi, à qui l'on dénie parfois la per-

[1] Michel Chevalier ; *Introduction* à *l'Économie politique* de Droz, pag. XXV.

[2] De Freycinet, Discours prononcé à Montpellier le 30 septembre 1886.

sévérance et l'énergie, ont dû abandonner la culture de la garance, et l'élevage des vers à soie sous leur ciel sec et ardent, les céréales, les fourrages, l'élevage des bestiaux, ne compensent même pas les frais. On leur refuse l'eau, qui pourrait transformer leur région, pour la réserver à une navigation problématique. En perdant la vigne, elles ont vu disparaître leur unique source de revenu ; et cependant, sans une plainte, elles se sont consacrées à la restauration de cette culture. C'est seulement de la bouche d'un premier Ministre que tombe cette parole, d'éloge pour elles, de reproche pour le Gouvernement: «Vous avez réussi sans aucun appui du dehors ».

Cet abandon ne provient pas d'oubli ou d'impuissance, il a surtout pour cause une erreur de doctrine. A force de vanter le libre-échange de peuple à peuple, les avantages du commerce extérieur, la nécessité de créer à l'industrie de nouveaux débouchés, on en est venu à oublier que : «*Le commerce le plus utile, celui qui met en activité plus de travail et multiplie les objets de consommation et les moyens de les acquérir, c'est le commerce intérieur, celui que font entre eux les habitants d'un pays fertile, industrieux et vaste*[1].»

Ce principe, duquel dépendent la richesse et la force d'une nation, car en augmentant le travail, la fortune et le bien-être intérieur, on accroît en même temps la population, a été entièrement mis de côté par les promoteurs des traités de commerce. Ils ont livré le marché intérieur de la France aux étrangers, dans l'espoir d'ouvrir de grands débouchés aux produits industriels. Ont-ils réussi ? Les résultats nous l'apprennent[2].

[1] Droz ; *Économie politique*.

[2] Voir *Économiste français* du 17 mars 1888, pag. 227.

En 1887, l'Espagne a exporté en France pour 397 millions de francs (commerce spécial),
et elle a importé de France pour 173 millions,
qu'il faut réduire à 159, en déduisant 14 millions de vins, importation fictive dont nous parlerons plus loin.

Les échanges entre l'Espagne et la France ont donc, après six ans du régime créé par les traités, donné une balance du commerce de 238 millions au profit de la première. La France a reçu pour plus de 300 millions de vins et a vendu pour 55 millions environ d'objets ouvrés.

Les résultats sont de même nature avec l'Italie, qui a vendu à la France pour 120 millions de plus qu'elle ne lui a acheté et qui, en échange des vins, des soies, des huiles dont elle l'inondait, ne lui demandait qu'une faible valeur de produits manufacturés.

C'est pour aboutir à un aussi complet insuccès que la France a sacrifié son agriculture, jeté dans la misère des fils dévoués, épuisé ses épargnes, pour payer les denrées de peuples avides de son or. En les enrichissant, elle assurait leur suprématie agricole et avançait l'heure où ils deviendront industriels à leur tour. Heureuse encore s'ils ne méditaient contre elle que la lutte pacifique du travail et si, alliés à nos implacables ennemis, ils ne transformaient pas en armes prêtes à se tourner contre nous les dons de notre inconcevable générosité !

On a cru favoriser les manufactures et les ouvriers des villes en leur sacrifiant les populations agricoles, et on a fait autant de mal aux uns qu'aux autres. L'industrie n'a pas gagné le client étranger et elle a perdu le client national, ruiné. Les nations étrangères réservent leurs achats à l'industrie de leur pays ou à celles qui, moins imposées que la nôtre, peuvent fabriquer à un prix de revient inférieur et la vaincre sur les marchés où la concurrence est libre et universelle. Si les 650 millions payés annuellement par la France pour le seul achat des boissons avaient été dépensés au dedans, ils seraient retournés à l'industrie nationale, à qui les agriculteurs auraient adressé toutes leurs demandes. Si une partie avait été économisée, c'est en rentes, en valeurs, en outillage national qu'elle se serait employée.

Nous ne réclamons ni monopole pour nous, ni prohibition contre nos rivaux. Mais nous trouvons insensé de donner au commerce étranger toutes les libertés et franchises et de réserver toutes les charges et restrictions pour le commerce intérieur ; d'offrir au premier des ports créés à grands frais, exempts de droits, au second des chemins de fer frappés d'impôts de grande et de petite vitesse, et des canaux soumis à des droits de navigation; d'abolir la Douane pour les étrangers, de maintenir la Régie pour les nationaux.

Un État doit la liberté et la franchise d'abord à ses citoyens. Le meilleur libre-échange, c'est celui que feront entre eux ses ouvriers et ses cultivateurs. Aucun commerce ne peut remplacer et surtout ne doit primer le commerce intérieur. C'est le seul à qui l'on puisse donner une liberté absolue, sans risque de se tromper jamais.

Accorder la préférence au produit le meilleur marché, au détriment du produit national, est une faute. Celui-ci a droit à l'égalité d'abord, par la compensation des charges publiques, à l'aide et au secours en cas de fléau, et à la préférence quand il y a parité ou même un léger écart dans son prix. C'est l'intérêt évident, nous croyons l'avoir démontré, aussi bien du consommateur que de l'État.

En signant les traités de 1882, nos Ministres ont oublié ces principes essentiels.

Ils ont encore commis une erreur en considérant le vin comme une sorte de matière première, produit simple du sol, denrée alimentaire que l'on pouvait demander à des pays primitifs, en leur fournissant, en échange, des produits manufacturés dont la fabrication et la vente laissaient, croyaient-ils, plus d'avantages. «En échange de nos concessions pour les vins, nous avons obtenu des faveurs pour les tissus», disait M. Léon Say.

En outre de ce qu'il y a eu d'odieux à faire payer par la détresse la rançon de la prospérité, c'était méconnaître le rôle et l'importance de la viticulture, dans l'agriculture et le commerce de la France. C'était ne pas voir dans la production du vin une industrie coûteuse et savante, dans laquelle ont été employés des capitaux immenses à la création des vignobles, à l'installation de vastes et magnifiques celliers où se trouvent réunis tous les appareils de vinification ; industrie perfectionnée dans ses méthodes, fruit de l'expérience de cent générations et des travaux de nombreux savants qui ont éclairé l'œnologie des découvertes de la physique, de la chimie, de la physiologie végétale ; production qui, grâce au climat de la France, à l'habileté de ses vignerons, à la loyauté et à l'activité de ses commerçants, avait acquis une renommée sans égale dans le monde entier. On n'a pas réfléchi qu'en abandonnant notre viticulture, en aggravant sa ruine, en prolongeant son éclipse, son capital allait être perdu, ses procédés, ses installations passer aux nations étrangères, et qu'avec le perfectionnement de la culture de leurs vignes et de la préparation de leur vin elles hériteraient de la réputation de nos produits, s'empareraient de nos clients et de nos anciens marchés.

Si le Phylloxera est la cause première du mal, l'engagement de dix ans pris dans les traités a achevé son œuvre néfaste. En 1882, les moyens de reconstituer le vignoble étaient trouvés, et, si les vignerons eussent été encouragés, une période de cinq ans suffisait pour cette œuvre. Le traité aurait dû être précédé par le vote de la loi qui décharge d'impôts les terres replantées en vignes, loi votée en 1887 et non encore appliquée, vingt ans après l'invasion phylloxérique. — Nous aurions compris un traité de cinq ans; mais il eût mieux valu laisser le vin en dehors des conventions, comme le blé, le recevoir à un droit modéré tant que la récolte en France eût été inférieure à la consommation, et l'arrêter par un relèvement de droits aussitôt que la production serait redevenue suffisante.

Alcool allemand. — Mais l'erreur capitale des traités a été d'accorder l'entrée en France, au simple droit de 2 fr. l'hect. à des vins titrant 15°,9. Le Gouvernement se proposait d'accorder le vinage à l'intérieur, à droit réduit ; mais dans sa légèreté il avait signé l'engagement avant d'avoir obtenu le correctif. Il avait compté sans une Chambre inconséquente, qui, après avoir autorisé et consacré le vinage à l'étranger, par le vote des traités, le repoussait à l'intérieur, sous prétexte d'hygiène publique, et livrait ainsi la France, sans résistance possible, à l'invasion des alcools allemands.

La Chambre jouit, comme l'on sait, d'un bon nombre de médecins. Ces docteurs saisirent l'occasion pour démontrer savamment la supériorité d'un bon vin naturel sur l'alcool impur, chargé d'aldéhydes, mélangé d'alcools supérieurs, propylique, butylique, amylique, etc.; pour comparer dans des tableaux tour à tour riants et dramatiques l'ivresse gaie, folâtre et sans suite fâcheuse procurée par le jus de la treille, à l'ivrognerie sombre, parfois féroce et toujours abrutissante du buveur d'alcool. Grâce à leur science et à leur esprit, la France allait consommer tous les ans un million d'hectolitres d'alcool de pommes de terre, le plus funeste des alcools industriels, mais dû, il est vrai, à nos amis les Prussiens, ce qui est sans doute une circonstance atténuante. Grâce à eux, la reconstitution des vignobles, si souhaitable cependant pour produire ce bon vin naturel, allait se trouver enrayée, et le malheureux vigneron récompensé de ses efforts héroïques par l'impossibilité de vendre son vin.

Sous l'empire de cette monstrueuse législation, de cette protection à rebours, sacrifiant les vins et alcools français aux vins et alcools étrangers, l'importation des alcools allemands s'est élevée en Italie et en Espagne, de 90 mille hect. en 1877, à plus de un million d'hect. en 1887. Pendant la même année, l'entrée des vins vinés en France a été de 12 millions d'hect. à 15°,9, équivalant à 24 millions d'hect. de vins français à 8°, et celle des raisins secs à 2 millions de tonnes, pouvant produire environ 8 millions d'hect. de vin à 8°, soit une importation totale de 32 millions d'hect., à de telles conditions que la concurrence des vins naturels est impossible. Aussi le Nord ne boit-il plus que des vins vinés d'Espagne, de Portugal, d'Italie, dédoublés avec des vins de raisins secs. C'est un résultat dont les consommateurs, le Trésor et surtout nos illustres hygiénistes ont vraiment à se féliciter !

Il est en effet de toute impossibilité au vin de lutter contre l'alcool, surtout dans les conditions faites par la Prusse à ses distillateurs, à qui elle accorde une prime d'exportation de fr. 40 par hectolitre. Dans la séance de la Chambre du 24 avril dernier, M. Viger, rapporteur du projet de loi prorogeant le droit de 70 fr. sur les alcools allemands, a dit : « Les meilleurs de ces alcools se vendent à Bordeaux à 90 fr., après payement des droits d'entrée. Pour cela, ils ont dû partir du lieu de production à 5 ou 6 fr. l'hectolitre. »

Admettons que le 3/6 allemand se vend à 35 fr. l'hectolitre, rendu dans les ports d'Italie et d'Espagne, et il se vend souvent à plus bas prix. En Espagne, il paye 25 fr. de droits d'entrée, mais en Italie on peut l'employer en douane, en franchise. Ainsi, un degré d'alcool coûte en Italie 0,35 ; en ajoutant 0,13 de droits d'entrée en France par degré, cela met l'alcool, présenté comme vin d'Italie, à environ 0,50. Comment le viticulteur pourrait il lutter ; peut-il produire du vin de 10° à 5 fr. l'hectolitre ?

On dira : L'alcool n'est pas du vin ; sans doute, mais il est la partie essentielle du vin et il n'en tient que trop aisément la place. Le nombre de ceux qui préfèrent acheter de l'alcool dilué à 0 fr. 50 au lieu de vin à 3 fr. le degré, ne le prouve que trop. Tant qu'un pareil écart subsistera, il est certain que le commerce ne résistera pas à l'appât d'un si grand bénéfice et tentera toujours de faire passer dans le vin importé le plus d'alcool possible.

Le prix de revient du degré d'alcool, les conditions de production de ce similaire du vin, les droits de douane qui le frappent, les règlements qui fixent son emploi en France et à l'étranger, doivent servir de base dans les nouveaux traités, ou si, mieux, il n'y a pas de traités, au tarif adopté pour l'entrée des vins.

Le droit de 6 fr., indiqué par le Congrès commercial de Cette serait suffisant pour des vins en nature, de 10°. Les degrés supérieurs à cette limite devraient payer les droits intérieurs sur l'alcool, soit 156 fr. par hect., ajoutés aux droits de douane sur les alcools étrangers, en ce moment 70 fr.; soit ensemble 2 fr. 26 par degré.

Ce chiffre donne la mesure de l'avantage que le vinage, tel qu'il est actuellement pratiqué en Italie, c'est-à-dire avec de l'alcool allemand employé en franchise, assure au vin étranger.

Cet avantage n'est pas le seul. Un hectolitre de vin à 16° équivaut à deux hectolitres de vin à 8°, condensés en un seul volume et n'ayant à payer que moitié des frais d'enfûtage et de transport. C'est un bénéfice que l'on peut évaluer en moyenne à 3 fr. 50 par hect.

Mais où le profit, pour les vins vinés, dépasse toute mesure, c'est par la possibilité qu'ils donnent au débitant de les dédoubler et d'éviter le payement d'une partie des droits, à l'intérieur des grands centres, à octrois élevés. En admettant que deux hect. de vin viné puissent supporter le mélange avec un hectolitre d'eau et fournir ainsi trois hectolitres de vin à vendre, qui auront payé pour deux, c'est à Paris, par exemple, un profit de 25 fr. par deux hect., ou de 12 fr. 50 par chaque hecto de vin viné introduit.

Ainsi, l'étranger donne un degré d'alcool à 0 fr. 35 et à 0 fr. 50 après entrée en France, au lieu de 3 fr. que coûtera ce même degré contenu dans le vin naturel, et de 2 fr. 10 que payerait le négociant vinant à l'intérieur. De plus, le vin viné à 15°,9 offre un gain de moitié sur le transport, soit 3 fr. 50 et procure par le dédoublement un profit de 12 fr. 50 par hecto.

Devant une telle accumulation d'avantages, comment s'étonner que les vins vinés étrangers aient pris la place des vins naturels français et comment ne pas partager l'indignation des viticulteurs contre l'iniquité des traités et des lois !

Tandis que la France oppose un droit de 70 fr. par hectolitre à l'introduction directe des alcools allemands en nature, ces mêmes alcools mélangés aux vins étrangers pénètrent sous un droit de 2 fr. les 16°, équivalant à 12 fr. les 100°, et sous cette forme évitent, non seulement le droit de 70 fr. mais celui de 156 fr. imposé aux alcools nationaux.

Dans la lutte commerciale, la Prusse renouvelle son mouvement tournant, manœuvre favorite de sa stratégie militaire, et elle se sert contre nous des deux États péninsulaires, nos voisins, en leur faisant jouer le rôle que l'un a déjà rempli dans des circonstances inoubliables, et qu'elle prépare à l'autre, dans l'avenir. A nos gouvernants de voir s'ils veulent ainsi se laisser jouer et vaincre encore sur le terrain économique.

Si le vinage était interdit en Espagne et en Italie, comme en France, l'entrée des vins naturels serait presque sans inconvénient et sans danger pour notre viticulture, qui ne refuserait pas la lutte. Mais puisqu'il ne l'est pas, si l'on ne peut pas repousser totalement des vins qui seront toujours frelatés par un mélange d'alcool, on doit baser sur leur force alcoolique des droits d'entrée équivalents au droit de vinage à l'intérieur. Agir autrement, c'est vouloir faire lutter le vin contre l'alcool et l'alcool primé par la Prusse et dégrevé de nos impôts ; c'est sacrifier de nouveau la distillerie et la viticulture nationales, pour qui *l'alcool allemand, c'est l'ennemi* !

Raisins secs. — Ce n'est malheureusement pas le seul. Il faut y ajouter les raisins secs, dont l'importation n'a cessé de s'accroître et a atteint 2 millions de tonnes, d'une valeur de 98 millions de francs, en 1887. Leur emploi est favorisé par l'économie de transport, et, ce qui est plus étrange, par les conditions particulièrement favorables que leur font l'administration des Contributions indirectes et le Laboratoire municipal de Paris.

Pour le transport, les raisins secs bénéficient, comme l'alcool, de l'état de concentration des éléments vineux qu'ils renferment. Ainsi, avec un même tarif, 100 kil. de raisins secs voyageront au même prix que 84 litres de vin contenus dans un fût pesant 16 kil. (poids moyen adopté) ; et cependant ces 100 kil. de raisins produiront 300 ou 400 litres de vin. Leur transport ne coûte donc que le tiers ou le quart de celui du vin. Ils évitent en outre le retour d'une marchandise encombrante comme les fûts vides. Enfin, un sac contenant 100 kil. de raisins coûte 0 fr. 75, tandis que le logement d'un seul hect. de vin vaut au moins 5 fr. De sorte qu'un hectolitre de vin venu de Marseille à Paris,

coûtera pour le transport....................	5 fr.	
Intérêts sur la valeur des fûts, usure, réparation et retour, au moins........................	2	
	7	
Et un hectolitre de vin, fait à Paris avec des raisins secs, venus aussi de Marseille, coûtera,		
100 kil. de raisins, 5 fr. à répartir sur 3 hect.	1 fr. 65	
un sac 0 fr. 75 » »	25	1 fr. 90
Différence......		5 fr. 10

Du seul fait du transport, il résulte une économie de 5 fr. par hect., pour le vin de raisin sec, comparé au vin naturel produit dans le Midi et rendu de même à Paris. Cette différence est plus considérable encore pour les raisins allant directement d'Orient à Rouen.

C'est là, dira-t-on, un avantage intrinsèque, qui tient à la nature même de la denrée. Oui ; mais on n'en a tenu aucun compte quand on a tarifé les raisins secs à fr. 6 les 100 kil.

L'élévation de ce droit, à 20 fr. par 100 kil., proposée à la Chambre, ne fera qu'établir la parité entre les raisins secs et le vin étranger, s'il est taxé à 6 fr. l'hect. à 10°. Il restera aux raisins l'avantage sur le prix du transport.

Quant aux faveurs administratives, par quel motif pourrait-on les justifier ?

Le vin naturel et national ne jouit pas, peut-on dire, d'un seul jour de liberté. A peine est-il né, la Régie commence, à son égard, son œuvre de surveillance ; elle l'inventorie chez le récoltant. S'il sort de la cave, ce n'est qu'accompagné d'acquits à caution ou de congés, de passe-avant ou de passe-debout. Formalités gênantes et coûteuses, où une erreur sur la contenance des fûts, sur les heures de charroi, amène procès-verbaux et amendes. Ce ne sont là cependant que des préliminaires dont nous devons être reconnaissants, car ils ont été inventés par la bienveillance des gouvernements pour retarder le payement des impôts sur les boissons et faire crédit jusqu'au moment de leur consommation. Ces impôts ont pris des formes variées, autant pour déguiser leur lourdeur que pour atteindre plus sûrement le but. Le vin paye des droits de circulation, de consommation, de détail, d'octroi. Le marchand paye licence et patente, et il est soumis à l'exercice, cette pratique inquisitoriale si irritante.

En face de ce régime de galérien imposé à nos vins, quel est le sort des raisins secs? Dès qu'ils ont acquitté leur droit de 6 fr. les 100 kil. à la douane, ils sont absolument libres, la terre de France est à eux. Ils circulent sans congé, sans acquits, sans surveillance aucune, pénètrent partout; dans les campagnes, ils se transforment en vins, sans rien payer; chez les marchands, ils grossissent les quantités et favorisent les coupages inavoués et la vente clandestine; dans l'intérieur des villes, moyennant quelque léger droit d'octroi, ils fournissent une boisson à peu près franche de tous les impôts qui doublent et triplent la valeur du vin.

Une faible partie seulement des vins de raisins secs tombe sous la main de la Régie et paye les impôts des vins : c'est celle qui, fabriquée en dehors des rayons d'octroi, va ensuite dans les chais des négociants. La Régie ne soumet pas la fabrication des vins de raisins secs à l'exercice. Elle a adopté une sorte d'abonnement, par lequel elle prend en charge trois hect. de vin par cent kil. de raisins employés et accorde trois semaines pour la fermentation du vin. Ce rendement de 3 hect. à 8°, admis, laisse un boni au fabricant, pour plusieurs qualités de raisins. Les Corinthe vieux, par exemple, donnent parfois au delà de 30° et produisent 4 hect à 8°.

Ce qui est bien plus important, c'est que la fabrication du vin de raisin sec, grâce au peu de surveillance et au laps de temps accordé, sert à couvrir la fabrication du vin de glucose, qui en réduit considérablement le prix. En chauffant l'eau employée, en acidifiant le mélange de raisins et de glucose, on obtient une fermentation rapide. On peut aini, avec des glucoses reçus sans déclaration, produire le triple de la quantité prise en compte par la Régie et alimenter un commerce de contrebande, exempt d'impôt, avec un liquide qui n'a du vin que le nom.

De telles différences dans le traitement de deux produits similaires, l'un salubre et naturel, l'autre artificiel sinon malfaisant, l'un national, l'autre exotique, ne méritent-elles pas le blâme pour l'incurie de l'administration qui les a établies?

Pour remédier à cet état de choses, on a proposé d'empêcher le mélange de ces vins de raisins secs, purs ou non, avec les vrais vins, et de ne les laisser circuler qu'accompagnés d'acquits spéciaux. Cette proposition, faite dès le début de l'emploi des raisins secs, alors qu'ils n'étaient pas entrés dans l'usage général, a du ètre abandonnée; comment espérer qu'elle réussira aujourd'hui ?

Comment fera-t-on observer ce règlement dans les villes rédimées, comme Paris, où le débitant n'est ni inventorié ni exercé? Parviendra-t-on à empêcher le mélange, chez le fabricant, chez le négociant, chez le détaillant? Est-il possible d'obliger les deux liquides, que l'intérêt tend à marier, à vivre séparés, sous le même toit, dans le même local ? Peut-on obliger les marchands à avoir des magasins distincts pour chaque qualité; voudra-t-on, osera-t-on prendre ces mesures gênantes et persécutrices pour une industrie qui n'est pas nuisible à la santé ? Que gagnera-t-on d'ailleurs à troubler ainsi la liberté du commerce ? Le raisin sec ne continuera-t-il pas à être libre dans les campagnes, chez le particulier, dans le ménage où on préparera le vin directement, sur une plus grande échelle, sans passer par l'intermédiaire des débitants ?

Nous ne voulons gêner la liberté de personne, ni empêcher les amateurs de boire leur vin de raisins secs. Nous demandons seulement que ce soit sans privilège et en payant les mêmes droits que les vins naturels, comme le veulent la justice et l'égalité.

Pour cela, ce n'est pas le vin de raisins secs qu'il faut chercher à atteindre après sa fabrication, c'est le raisin sec lui-même, et à son égard rien n'est plus aisé. Il suffit de l'assimiler au vin et de l'assujettir aux mêmes règles et aux mêmes impôts.

Le vin, en sortant de chez le vigneron, est soumis à la surveillance de la Régie et ne peut circuler qu'accompagné de documents qui assurent le payement des impôts auxquels il est soumis. De même, le raisin sec sortant de la Douane doit être soumis à la Régie, voyager avec acquit et congé et payer les mêmes droits que le vin, en continuant à compter les 100 kil. de raisins pour trois hectolitres de vin.

De cette façon, commerçants ni consommateurs ne sont gênés dans leur liberté. Ils peuvent boire ou mélanger leur vin de raisins secs à leur gré. Le travail de la Régie n'est pour ainsi dire pas augmenté, le raisin sec ayant pour origine unique la Douane, tandis que celle du vin est multipliée à l'infini. Les importateurs et les Gouvernements des pays de provenance ne peuvent rien objecter à ce que leur produit soit assimilé à nos produits nationaux. Quant au vin de glucose, ou il est malfaisant, comme on l'a dit, et dans ce cas le Gouvernement est suffisamment armé pour le prohiber ; ou il ne l'est pas, et alors il doit être soumis aussi aux règlements et impôts sur les boissons.

Dira-t-on que ce que nous proposons sera une gêne et un

impôt pour les raisins secs de table? C'est une consommation de luxe, bien restreinte et insignifiante en face de l'immense importation des raisins à boisson. Elle supportera, sans en souffrir, sans en être diminuée, sa légère part d'impôts, qui sera insensible dans les prix du détail.

Invoquerait-on la franchise d'impôts des raisins frais ? Ce serait établir une similitude, qui n'existe pas, entre des fruits comestibles d'un prix élevé et des fruits à boisson. La destination n'est pas la même : les raisins secs ordinaires sont destinés à faire du vin; c'est au vin qu'ils doivent être comparés et assimilés.

Nous ne voyons aucune difficulté, aucune objection sérieuse à opposer à la manière de procéder indiquée, qui égalise la situation des vins factices avec celle des vins naturels et supprime leur scandaleux privilège. Nous nous étonnons seulement qu'on n'y ait pas songé plus tôt.

Il ne serait pas, semble-t-il, nécessaire d'une loi pour soumettre les raisins secs aux mêmes règlements que les vins. Un Arrêté ministériel, une Circulaire du Directeur des Contributions indirectes devraient suffire. C'est un acte de justice indiscutable, oublié jusqu'à ce jour et que l'on met à exécution aussitôt que l'on s'aperçoit de la négligence.

Et en même temps, ce qui n'est pas indifférent en ce moment, c'est une augmentation de revenu immédiate assurée à l'État, et non sans importance.

Laboratoire municipal de Paris. — Le Laboratoire municipal de Paris ajoute, par son procédé des moyennes, une cause particulière au succès des vins de raisins secs. Il a décidé que tous les vins de coupage devaient titrer, à leur entrée dans Paris, 12° d'alcool et 24 gram. d'extrait sec, minimum, et chez les débitants, 10° et 20 gram.; or le raisin sec, donnant plus d'extrait sec que les vins naturels, permet mieux de dissimuler celui qui manque à l'alcool, auquel les petits vins d'Espagne et d'Italie servent de véhicule.

Il résulte de cela que les raisins jouissent d'une faveur très grande à Paris, et que tous les vins de coupage, c'est-à dire la presque totalité des vins qui y sont bus, sont composés de vins exotiques alcoolisés, réduits à 12° avec du vin de raisin sec. Telle est aujourd'hui la composition courante de ce qu'on appelle les vins de cuvée à Paris.

Pourquoi les raisins secs donnent-ils plus d'extrait ? Les chimistes du Laboratoire l'ont-ils analysé et dosé ses éléments [1] ?

Ces moyennes du Laboratoire municipal sont la source d'erreurs étranges. Pour en donner la preuve, il nous suffira de reproduire textuellement ce fait, cité par le Président du Syndicat des commerçants en vins de Paris, dans une lettre adressée le 20 janvier 1883 au Ministre de la Justice :

« Un négociant livre, il y a un an et demi, à l'Assistance publique, après adjudication, du vin du Midi. L'Assistance le fait analyser sous le nom de coupage. Le Laboratoire répond : « vin mouillé ». Ce vin n'arrivait pas à la moyenne, à cette moyenne hors de laquelle il n'y a pas, selon lui, du vin de coupage naturel. Le négociant mis en cause réplique à l'Assistance : « Je vous ai vendu, non du vin de coupage, mais du vin de l'Hérault. » — « C'est vrai », répond l'Assistance. — « Dans ce cas, le vin est en nature », reprend le Laboratoire.

[1] Voir pag. 73, le tableau comparatif de l'extrait sec, dans les vins français, exotiques et de raisins secs. La différence est d'un tiers environ en faveur de ces derniers.

Ainsi, en vendant du vin naturel de l'Hérault, un honnête homme risque l'amende et la prison, tandis qu'avec un odieux mélange de vin d'Espagne, d'alcool allemand, de vin de raisins lessivés et poussiéreux, de glucose et même de colorant végétal, pourvu que l'on fournisse au Laboratoire les 12° d'alcool et les 24 gram. d'extrait requis, on obtient un passeport en règle et un certificat de bon vin !

Évidemment ce procédé des moyennes est défectueux et éloigne les commerçants de l'emploi des vins français, moins riches en extrait que la plupart des vins exotiques et spécialement que les vins de raisins secs. Les viticulteurs doivent unir leurs réclamations à celles des négociants en vins de Paris, pour obtenir que le Laboratoire y renonce et se borne à rechercher si les vins qui lui sont soumis sont salubres ou nuisibles, naturels ou frelatés.

Transports. — On s'est beaucoup ému, et à juste raison, des tarifs différentiels internationaux, dits tarifs de pénétration, par lesquels les Compagnies de Chemins de fer transportent des marchandises étrangères à prix réduits, de telle sorte que des vins allant, par exemple, de Barcelone à Paris par Cette, payeront moins que s'ils partaient de Cette. Ces tarifs réduits n'ont été établis que pour lutter contre les bateaux à vapeur, dont les frets sont extrêmement bas, par suite de la baisse des fers, tôles et charbons, de l'économie provenant de la grande capacité des navires, de la concurrence entre toutes les marines, facilitée pour la France en particulier par la suppression des droits de port et de navigation. Les voies ferrées s'efforcent de retenir une partie du trafic que les lignes maritimes peuvent leur enlever et, pour y parvenir, renoncent à gagner sur ces transports, se contentant d'une minime rémunération qui paye le loyer de leur matériel roulant, ainsi utilisé, et couvre une partie de leurs frais généraux.

Peut-on exiger qu'elles transportent tous les vins aux mêmes conditions? On ne peut demander à une entreprise particulière d'abandonner tout bénéfice et de ne pas rémunérer les capitaux dont elle est formée. Si les Compagnies accordent une réduction, ce ne pourra être que dans la mesure de leur intérêt. Le P.-L.-M., entre autres, a un intérêt évident à voir renaître l'immense trafic dont les vins étaient l'objet, sur son réseau, avant le Phylloxera. Cette Compagnie n'a contribué à l'œuvre des viticulteurs qu'en leur vendant du sulfure de carbone, mais avec un bénéfice. Elle peut et doit faire plus.

L'État seul pourrait accorder une faveur gratuite au transport des vins nationaux: par exemple, renoncer à l'impôt sur la petite vitesse, pour cet article. S'il consentait à ce sacrifice, nul doute qu'il n'en obtînt un aussi des Compagnies, de façon à arriver à l'équivalent des tarifs internationaux.

En dehors de ces concessions de bonne volonté, le meilleur moyen d'obtenir des réductions serait d'organiser des services maritimes ou fluviaux qui transporteraient, soit par mer, soit par les canaux et rivières, à un taux inférieur à celui des chemins de fer. Ceux-ci s'empresseraient de réduire leur tarif au taux de leurs concurrents.

A ce sujet, tandis que diverses Chambres de commerce réclamaient le rachat de certains canaux, par l'État, afin que la navigation y devînt libre de droits, des Conseils généraux demandaient, au contraire, que les droits fussent rétablis sur les canaux rachetés. Nous ne sommes nullement partisan du socialisme d'État et nous désirons que les canaux, comme les chemins de fer, restent entre les mains de l'industrie privée; mais le moment nous paraît mal choisi pour demander le rétablissement de droits sur les transports à l'intérieur. Nous demandons au contraire leur dégrèvement.

Quand on parle de droits de navigation, appliquer ce mot aux canaux, c'est déplacer la question et tomber dans une équivoque. On se plaint des tarifs de pénétration ; ce n'est pas assurément pour lutter contre la navigation intérieure que les chemins de fer les établissent. Si cela était, ce serait au commerce national qu'ils accorderaient des réductions, et c'est le contraire qui a lieu. C'est la navigation maritime qui les oblige à réduire leurs prix en faveur du commerce étranger. C'est envers elle qu'il faut se défendre, en rétablissant les taxes des ports, comme envers les marchandises, en relevant les droits de douane.

Il serait désirable que ces taxes fussent perçues par les Chambres de commerce et appliquées aux travaux et à l'entretien des ports maritimes.

Les Étrangers contribueraient ainsi aux œuvres dont ils bénéficient.

III.

Si les fautes commises et la difficulté de les éviter à l'avenir amènent la résolution de ne pas contracter de nouveaux traités de commerce, il n'en faut pas moins vivre avec ceux qui existent jusqu'en 1892, échéance où ils expirent. Le Gouvernement doit s'efforcer jusque-là de contrebalancer les avantages qu'ils assurent aux vins et au travail étrangers, en accordant à notre viticulture toutes les faveurs en son pouvoir.

Le vote de la loi qui dégrève de l'impôt foncier, pendant quatre ans, les terres replantées en vignes, est un premier pas dans cette voie. Pas bien tardif, qui aurait dû être fait depuis dix ans et tout au moins accompagner les traités de

1882. Le résultat de ce retard est une injustice, puisque ceux qui ont planté avant la loi et ont eu le mérite de montrer le chemin, au prix de dépenses et de risques autrement considérables que ceux d'aujourd'hui, ne bénéficieront pas de ce dégrèvement.

L'administration vient de faire connaître la manière dont elle procédera à l'application de cette loi, six mois après qu'elle a été votée et après que l'époque est passée où elle aurait été un encouragement à de nouvelles plantations pour cette année. Souhaitons que cette faveur ne soit pas entourée de restrictions et de formalités susceptibles d'amener beaucoup d'intéressés à y renoncer.

Il en est ainsi au sujet de la subvention accordée pour l'emploi du sulfure de carbone. Répartie aujourd'hui entre un grand nombre de syndicats, elle n'a plus assez d'importance pour compenser les obligations imposées aux participants et il importe peu désormais qu'elle soit maintenue.

L'essai des traitements contre le Phylloxera, dans des vignes d'expériences confiées à la direction de savants œnologues, a été une bonne mesure, dont l'utilité se continue aujourd'hui par la comparaison culturale, aux points de vue de la résistance, de la production, de l'adaptation au sol, des divers plants américains producteurs directs ou porte-greffes.

L'École d'Agriculture de Montpellier rend aussi d'éminents services, par l'étude scientifique de la vigne, de ses maladies et de leurs traitements. On reproche parfois à cette institution son caractère par trop international. La générosité du cœur et de l'esprit, le besoin de répandre la lumière et de remplir le rôle d'initiateur, est peut-être un défaut ou une qualité inhérente à notre race, puisque l'adversité ni l'ingratitude n'ont pu nous en guérir. Ayons au moins autant d'ardeur pour apprendre que pour enseigner.

Les missions scientifiques à l'étranger offrent un des meilleurs moyens d'information. L'intérêt de la viticulture en a motivé deux seulement : la première, celle de M. Planchon, pour étudier le Phylloxera dans son milieu d'origine ; la seconde, confiée à M. Viala, afin de rechercher les plants américains végétant bien dans les sols crayeux.

Nous voudrions voir ces missions devenir permanentes. On adjoint aux ambassades des attachés militaires ; des attachés agricoles ne seraient-ils pas utiles aussi, surtout aux États-Unis, dont la puissance de production présage un prodigieux avenir, réservoir immense, encore peu connu, qui peut fournir des aliments à la population et à l'industrie de l'univers, mais d'où sont sortis déja des fléaux si cruels pour notre viticulture et qui en recèle peut-être d'autres encore ? Que serait la dépense de cette mission comparée aux pertes causées à la France par l'Oïdium, le Phylloxera, le Mildew, apportés d'Amérique et dont l'invasion aurait pu être évitée si la science avait signalé leur existence ?

Nous venons de parler de M. Planchon, dont la viticulture déplore en ce moment la perte, et qui eut, comme chacun le sait, la plus grande part à la découverte du Phylloxera. Un mouvement d'opinion réclame du Gouvernement une récompense nationale pour la veuve et les enfants d'un homme désintéressé, dont la découverte contribuera à la fortune de millions d'hommes, et un Comité s'est formé pour lui élever un monument. Le Gouvernement des États-Unis et les Sociétés viticoles de ce pays devraient, ce semble, être invités à prendre part à cette manifestation. C'est l'Amérique qui, dans l'avenir, doit profiter le plus largement de la connaissance de la cause véritable qui empêchait la culture de la vigne sur son sol. Elle peut désormais s'y livrer et devenir la rivale de la viticulture européenne. Il serait juste qu'elle témoignât sa reconnaissance d'un tel service en honorant la mémoire de son auteur par un hommage qui resterait un titre de gloire pour la Science française.

La création des syndicats agricoles et viticoles a déjà porté d'excellents fruits. Ces associations se développeront à mesure que les agriculteurs s'apercevront de leurs avantages. Le Gouvernement doit leur conserver toute la liberté possible.

Les Pouvoirs publics, libres désormais d'imposer aux vins d'Italie et aux raisins secs des droits suffisants, doivent fixer leur attention sur les vins vinés d'Espagne, du Portugal, etc. Lié par l'obligation de les admettre à 15°,9, il doit user du droit, reconnu par les traités, de restreindre cette faveur aux jus naturels des raisins frais. Les laboratoires annexés aux douanes doivent continuer leurs opérations protectrices et faire rejeter tous les vins où la présence de matières étrangères, alcool, colorants, extrait sec, peut être constatée avec certitude.

Malheureusement, ce moyen de protection est encore bien imparfait. M. Pallain, directeur des Contributions indirectes, dit dans sa récente circulaire : «Si l'on manque encore de moyens d'analyse chimique pour doser exactement l'alcool ajouté, l'analyse et la dégustation permettent cependant de reconnaître avec certitude les vins qui ont subi l'opération du vinage, lorsque l'alcool a été ajouté dans une forte proportion.» Il prescrit, en conséquence, à ses agents d'arrêter à la frontière les petits vins suralcoolisés, dont l'entrée était tolérée jusqu'ici. Que valent des prescriptions établies sur des bases aussi vagues et aussi arbitraires; combien de temps résisteront-elles aux réclamations, aux influences des Gouvernements étrangers et des négociants importateurs ? L'avenir nous le dira[1].

Nous craignons que cette circulaire n'ait un effet double-

[1] Les réclamations des importateurs sont incessantes et la

ment fâcheux : qu'en donnant un semblant de satisfaction aux viticulteurs, elle n'endorme leur sollicitude récemment éveillée et n'arrête leurs démarches ; qu'en avouant l'impuissance de la chimie, elle ne rassure et n'encourage les importateurs de vins vinés, tout en leur imposant momentanément un peu de modération. Aux uns elle paraîtra une digue infranchissable, aux autres une grille mise en travers du torrent et qui n'empêche pas l'eau de passer.

Tant que la chimie ne reconnaîtra pas l'alcool ajouté, avec certitude, comme elle reconnaît la fuschine, et cela lui est pour le moment impossible, l'avantage est trop grand, nous l'avons établi par des chiffres, pour qu'on ne continue pas à viner. Il résulte des termes mêmes de la circulaire que les vins dont le corps et la couleur formeront une enveloppe suffisante continueront à servir de véhicule à une certaine proportion d'alcool, pourvu qu'elle ne soit pas trop forte, et à être admis en douane, ainsi que les vins de liqueurs, «pour la préparation desquels des additions d'alcool sont nécessaires».

Pourquoi donc cette concession pour des vins contenant 15° d'alcool ajouté, puisque le traité parle seulement de vins naturels ? Les aveux du directeur des Contributions indirectes doivent dissiper les illusions de ceux qui ont regardé jusqu'ici l'application stricte des termes des traités comme une barrière suffisante contre l'entrée de l'alcool. Ils doivent être désormais convaincus que les analyses chimiques et les laboratoires ne sont qu'un faible obstacle, susceptible seulement d'empêcher de trop criants abus, et qu'il est nécessaire de trouver d'autres moyens pour égaliser la situation des vins français.

Chambre de Commerce de Cette adresse lettre sur lettre au Ministre du Commerce.

Les deux moyens entre lesquels se partagent les opinions sont : la réduction du titre alcoolique auquel les vins peuvent circuler sous les simples droits et la liberté du vinage à droit réduit. Ces deux systèmes ont leurs partisans, et, comme il arrive trop souvent, chacun, s'obstinant dans son idée, paralyse son adversaire sans le faire céder, et l'on reste dans un *statu quo* désastreux.

Un examen attentif peut éclairer la question et la décider pour beaucoup d'esprits incertains ou prévenus et préparer une conciliation trop tardive, mais bien désirable encore.

Réduction du degré. — On a proposé d'abord de réduire le titre des vins, actuellement limité à 15°,9, à 12°,9; on demande aujourd'hui de l'abaisser à 11°,9.

La réduction du degré diminuerait dans une proportion d'autant plus forte qu'elle serait plus considérable le plus grand avantage des vins étrangers, cet avantage consistant, comme nous l'avons dit, à opposer de l'alcool d'industrie à l'alcool naturel du vin, dont le prix de revient est beaucoup plus élevé. Le bénéfice du transport d'une force alcoolique supérieure sous un même volume, décroîtrait aussi. Des vins à 12° ne motiveraient plus l'emploi d'une aussi grande quantité de vins de raisins secs pour réduire leur degré. Le mouillage, dans l'intérieur des villes, serait moindre. L'emploi de l'alcool serait restreint et celui des vins naturels s'accroîtrait d'autant. Les producteurs français, au point de vue de l'égalité dans la concurrence, comme les consommateurs à celui de l'hygiène, le Trésor comme les octrois, bénéficieraient donc de cette mesure.

Elle est malheureusement insuffisante et ne va pas sans soulever des difficultés.

D'abord la réduction du degré n'empêcherait par le vinage : on vinerait à 12°, on vinerait à 10°, on vinerait au-dessous. Nous ne pensons pas détruire des illusions en disant que si beaucoup de vins d'Espagne font 12° en nature, on les réduit de 2, 3, 4 degrés avec de l'eau pour les remonter ensuite avec de l'alcool. Nous ne recevrons plus que 2 ou 4 degrés d'alcool au lieu de 8, mais cela n'en constituera pas moins une différence de près de 5 à 10 fr. par hectolitre en faveur de l'étranger, dont le vin arrivera toujours à 12°, poids exceptionnel pour les nôtres. L'avantage, bien que diminué, lui restera toujours.

Une autre difficulté prend sa source dans les traités de commerce. Les puissances signataires de ces traités admettront-elles que les vins à 15°,9, dont elles ont stipulé l'entrée sous un droit de 2 fr. l'hect., soient frappés, aussitôt après leur transit en douane, d'un nouveau droit de 1 fr. 56 par degré excédant 11°,9, soit de 7 fr. 80 pour ceux atteignant la limite concédée? Une pareille surcharge semble difficile à faire accepter, même en l'appuyant sur le pouvoir inaliénable d'une nation de régler son régime intérieur et sur la généralisation d'une mesure appliquée aux vins français aussi bien qu'aux étrangers. Il est probable que ce moyen serait considéré comme une manière détournée de reprendre une concession stipulée, qu'il amènerait des protestations et des représailles contre nos articles d'exportation.

M. Rouvier, ancien Ministre du Commerce, a fait observer en outre que, lors du dernier traité avec l'Angleterre, à la suite d'une longue et sérieuse enquête, les commissaires anglais avaient admis le titre de 15°,9 comme le degré extrême des vins français, les exceptions supérieures étant si rares qu'il n'y avait pas à en tenir compte. La Chambre, en adoptant 11°,9 comme limite, déclare implicitement que c'est là le poids le plus élevé de nos vins en nature, qu'au-dessus le degré est factice. Par suite, nous écartons l'acheteur anglais, l'un de nos meilleurs clients, sinon le meilleur, et nous l'engageons à demander à nos rivaux les vins alcooliques et généreux dont il est amateur[1].

Mais quelle ne serait pas l'injustice de la règle nouvelle à l'égard des vins naturels français et quelles ne seraient pas les difficultés soulevées par son application? Toute la zone méridionale, depuis Bordeaux avec ses Sauternes jusqu'aux vignobles des côtes du Rhône, produit des vins titrant au delà de 11°,9 dans les années chaudes. A plus forte raison en est-il ainsi pour l'Algérie, avec laquelle il faut compter désormais.

Obligera-t-on les viticulteurs à peser tous leurs vins et à les réduire par le mouillage au degré toléré, sous peine de les voir frappés de la surtaxe? Ce serait la conséquence inévitable, à la fois absurde et immorale, de la loi.

On représentera peut-être qu'aujourd'hui même il y a des vins naturels pesant plus de 15°,9, et que ces vins peuvent sortir de chez le récoltant et circuler au droit ordinaire, accompagnés d'un certificat d'origine. Mais ce qui est praticable pour quelques rares exceptions ne l'est plus quand il s'agit du tiers de la production des départements naguère les plus riches en vins et dont les efforts tendent à reconquérir leur rang. Il y aurait là une source d'entraves et d'abus bien suffisants pour faire repousser ce projet. Les producteurs ne tarderaient pas à voir l'arme dirigée contre le commerce étranger se retourner contre eux, et ils maudiraient bientôt leur ardeur aveugle à se créer de nouvelles servitudes.

[1] En imposant une taxe intérieure de 5 shellings par douzaine de bouteilles de vin, l'Angleterre nous donne l'exemple de la modification des traités par les impôts ; mais la France réclame, comme ferait l'Espagne ; nous ne savons encore si ce sera avec succès.

Pour le consommateur, la réduction du degré permet d'espérer des vins plus naturels ; c'est un bienfait sous ce rapport, mais elle équivaut à une augmentation de droits, car il participe au bénéfice réalisé par le débitant au moyen du dédoublement. Peut-on espérer que, dans la situation financière actuelle, le surcroît de droits produit par l'augmentation des entrées de vin sera employé à diminuer la taxe qui les frappe? Il est permis d'en douter, et de croire que la réduction du degré augmentera l'impôt sur les vins déjà surchargés et amènera le renchérissement de la boisson réconfortante de l'ouvrier.

La réduction du degré offre un danger spécial pour le Midi : c'est un acheminement à la taxe au degré, qui compte des partisans et séduit par sa simplicité et sa justice apparente. Mais à un examen attentif, ses défauts se révèlent graves et nombreux.

Tout d'abord, quel ne serait pas le travail incommensurable de la Régie, obligée de titrer chaque fût de vin circulant en France (et l'on sait que le seul moyen sûr de connaître le degré d'un vin est de le distiller, opération dont la durée est d'une dizaine de minutes)? Après s'être mis d'accord sur le poids alcoolique du liquide, il faudrait imposer à chaque fût une taxe différente. La moindre réflexion démontre l'impossibilité de cette opération. Voudrait-on l'exécuter seulement à l'entrée des villes à octroi ? La difficulté pratique, pour être localisée, n'en subsiste pas moins, et devant le temps nécessaire à la vérification, les encombrements qui en résulteraient, les erreurs, les réclamations, les contre-expertises, on peut être assuré que ce mode de taxation, que les Gouvernements ont toujours reconnu impraticable, ne tarderait pas à disparaître.

Au point de vue de la justice, cette taxe vaut-elle mieux ? Non assurément. Les vins alcooliques produits sous les climats chauds sont des vins de coupage, communs, grossiers et d'un prix bien inférieur à celui des vins légers, mais fins, frais, à bouquet délicat, des climats plus tempérés. Dans la classe des vins d'un titre alcoolique élevé sont les vins du Midi, Provence, Languedoc, Roussillon, tandis que les Bourgogne et les Bordeaux ont un poids inférieur. Ainsi, les vins chers payeraient un faible droit; les vins bon marché, au contraire, supporteraient le maximum des taxes. Le vin du peuple serait grevé au profit des vins de luxe!

On dira : mais le Midi, en plantant des cépages fertiles et en les vendangeant de bonne heure, récoltera des vins faibles et légers.

Cela peut convenir pour les vins consommés sur place ; mais de tels vins pourront-ils supporter les voyages et, parvenus dans le Nord, trouveront-ils leur emploi et un prix rémunérateur? Ils auront contre eux la concurrence des petits vins du Centre, toujours plus agréables et plus frais, récoltés à peu de distance des pays de consommation, transportés à moindre prix et d'une conservation plus assurée. Cette masse de petits vins du Midi, coûteuse à loger, onéreuse à transporter, encombrera les marchés, avilira les prix, et dans les années médiocres formera une masse de produits défectueux, propres à éloigner le consommateur et à ruiner le négociant et le producteur.

Le rôle du Midi dans la production générale de la France est tout autre. En admettant la culture des cépages d'abondance pour la consommation locale, la plus grande part de ce vignoble doit être réservée aux cépages propres à produire des vins de coupage, à la fois corsés et moelleux, colorés et alcooliques. C'est avec de tels vins qu'il reprendra sa place dans le commerce e la consommation, surtout sur ce grand marché de Paris où s'approvisionnent aujourd'hui, non seulement les trois millions d'habitants de la capitale, mais toutes les régions voisines.

A Paris, tout le monde le sait, le commerce ne livre des vins d'origine qu'à la consommation de luxe, l'immense majorité boit des vins de coupage. Dans ces cuvées, comme on les appelle, le marchand en gros mélange les vins de diverses provenances et les coupe dans les proportions voulues pour obtenir le type moyen convenable, accepté et réclamé par les débitants et les consommateurs. Cette opération, parfaitement licite et utile, combine et corrige les uns par les autres les défauts et les qualités de chaque cru. Avant que les vins exotiques alcoolisés et les vins de raisins secs eussent pris la place des vins de France, chacune de nos provinces fournissait une part à ces ensembles. La Bourgogne leur apportait de la sève, de la délicatesse, du bouquet, la Sologne et le Nantais de la légèreté et de la verdeur, l'Auvergne de la fermeté. Les teinturiers du Cher et de Cahors augmentaient la couleur, les petits bordeaux donnaient du annin et de la fraîcheur, les vins du Var du nerf et du brillant, ceux du Midi, enfin, du corps, de la douceur, de la force alcoolique, et ce mélange produisait un vin supérieur à ce qu'eût été chacun de ces vins bu séparément.

Le Midi doit, d'après nous, tendre à remplir encore son rôle d'autrefois. Il doit mettre son soleil à profit pour récolter de beaux vins, mûrs, colorés et généreux. Ce n'est que par ce moyen qu'il compensera la distance qui le sépare des consommateurs et parviendra à reprendre sa place en écartant ses rivaux, Espagnols, Portugais, Italiens.

Ainsi la réduction des degrés, si elle est exagérée, nous semble offrir des difficultés et des inconvénients plus grands que ses avantages et être contraire aux intérêts du Midi. Aussi avons-nous été profondément surpris de voir certains Conseils généraux, celui des Pyrénées-Orientales surtout, demander que le titre fût abaissé jusqu'à 10°. Pour notre part, nous désirons que, si une réduction doit avoir lieu, elle ne descende pas au-dessous de 12°,9, titre proposé primitivement.

Ce degré permettrait encore aux vins du Midi de rester ce que la nature les a faits et de convenir à leurs consommateurs du Nord. Mais la nécessité d'attendre la pleine maturité pour ces vins les expose à des altérations. Même vendangés de bonne heure, ils ne renferment jamais que dans une proportion restreinte les acides et le tannin qui assurent la conservation des vins produits sous des climats plus froids, et il suffit d'une pluie aux approches de la vendange pour les leur enlever totalement. Vendangés mûrs, les raisins des pays chauds donneront un vin, non seulement dépourvu d'acide, mais dans lequel il restera du sucre non transformé par la fermentation. Si un tel vin est négligé, une seconde fermentation développera les germes d'altération, les ferments acétiques, par exemple, et il se changera en vinaigre. Le moyen le plus certain pour remédier à ce danger, celui qui a toujours été employé, c'est le vinage.

Mais avant d'aborder cette question capitale, il convient d'apprécier deux moyens, l'un d'amélioration, l'autre de conservation, souvent proposés et employés : nous voulons parler du sucrage et du chauffage.

Le sucrage est utile surtout aux vignerons des pays froids. Le sucre mis dans leur vendange corrige et améliore l'âpreté de leur vin et lui fournit l'alcool qui lui manque. Leurs raisins acides assurent la complète fermentation des seconds vins et permettent même de renouveler l'opération à plusieurs reprises. Il en est autrement dans le Midi Un grand nombre de propriétaires se sont aperçus que le rendement en alcool de leur vin de sucre ne répondait pas aux données théoriques, et quelques chimistes ont pensé que l'interversion du sucre de canne, ou sucre cristallisable, en glucose, ou sucre fermentescible, était restée incomplète dans ces vins.

Pour obtenir une transformation complète, il faudrait faire bouillir pendant un temps donné la solution sucrée, préalablement acidifiée. Pareille opération est presque impraticable sur les centaines d'hectolitres à traiter dans le Midi. Aussi est-il à présumer que les viticulteurs de cette contrée renonceront au sucrage, déjà peu en faveur parmi eux, car à la perte d'une partie du sucre s'ajoute l'inconvénient plus grand encore d'aboutir à des vins doucereux, le pire des défauts pour un vin rouge ordinaire. Cette opération d'ailleurs se fait à la cuve, sur la vendange, et n'est d'aucun emploi pour améliorer les vins faits. Le sucrage est donc favorable pour le Centre et le Nord, mais l'est peu pour le Midi, où on n'y aura recours qu'en temps de disette.

Le chauffage peut prévenir et arrêter l'altération des vins. Cette opération demande une installation spéciale, onéreuse à établir et à entretenir. Elle ne se pratique pas tous les ans et ne s'applique pas aux vins sains, mais seulement aux récoltes défectueuses. Elle est coûteuse en elle-même et risque de déprécier les vins, qui, en circulant dans des tuyaux chauffés, contractent souvent un goût métallique. Usitée dans le Midi depuis longtemps, elle ne l'a été que dans le but de préparer des vins spéciaux, ou dans le cas de récoltes exceptionnellement mauvaises. Objet d'un engouement momentané, au moment des publications de M. Pasteur, elle n'est jamais devenue générale et populaire.

IV.

Vinage. — Il faut donc en revenir au vinage, comme au seul moyen toujours facile à appliquer et qui en même temps assure la conservation du vin et lui donne une plus-value.

Le vinage consiste à ajouter de l'alcool au vin et à augmenter ainsi sa force naturelle, « dans le but de l'améliorer et d'en assurer la conservation et la durée [1] ». Aussi ancien sans doute que l'art de distiller le vin, le vinage a été pratiqué en France, librement et en franchise de tout droit, jusqu'en 1852. A cette époque, le développement de la distillation des alcools d'industrie fit supprimer le droit de vinage, sauf pour les sept départements riverains de la Méditerranée, après qu'une longue enquête, prescrite par l'Assemblée nationale, eut fait reconnaître sa nécessité pour la conservation de leurs vins.

Sous ce régime privilégié, la plantation des vignes et la production des vins, dans la région du Sud-Ouest, prirent un développement considérable [2]. Cette prospérité excita la jalousie des autres départements viticoles, qui, invoquant le principe d'égalité, obtinrent le vote d'une nouvelle loi dans la session législative de 1864. Elle supprima l'immunité des sept départements du Midi et les fit rentrer sous la loi commune, à dater du 1er janvier 1865.

Les droits sur la consommation des alcools ayant été pro-

[1] M. H. Marès ; Rapport lu à la Commission des distilleries agricoles, réunie au Ministère de l'Agriculture, le 5 mars 1886.

[2] Voir le Rapport de M. L. Vialla lors du concours vinicole de Montpellier, 1866.

gressivement portés à 156 fr. par hectolitre, c'est sous ce droit que peut se pratiquer actuellement le vinage en France; c'est assez dire qu'il est absolument prohibé.

Le vinage, avons-nous dit, doit être aussi ancien que l'art de distiller le vin. On comprend que dès que l'on sut séparer l'élément alcoolique d'une partie de l'eau et des matières organiques, on ait eu l'idée d'utiliser par ce procédé les vins altérés et de mélanger l'esprit obtenu avec de bons vins pour en augmenter la force. Mais on sait que la distillation resta d'abord du domaine des laboratoires et n'entra dans la pratique qu'à la suite des perfectionnements apportés aux alambics à la fin du siècle dernier. C'est donc à cette époque seulement que le vinage s'est généralisé.

Il a pour but, non seulement de rendre le vin plus alcoolique, mais de l'améliorer et d'en assurer la conservation et la durée.

Le vinage, en effet, améliore aussi bien les vins âpres et acerbes que les vins plats et pâteux. Il adoucit les premiers en éthérisant ou en précipitant leurs acides ; aux seconds, il donne du montant et de la fermeté. Il aide à la clarification, en amenant le dépôt des lies restées en suspens dans le vin, dont elles altèrent le goût et compromettent la conservation.

L'alcool dissout la couleur. Si la liberté du vinage nous était rendue et si cette opération était faite à la cuve sur les Jacquez, les Alicante-Bouschet, aujourd'hui si répandus dans les nouveaux vignobles, on obtiendrait une splendide couleur naturelle, qui rendrait inutile l'emploi des colorants et donnerait à nos vins la supériorité sur tous les vins étrangers.

La nécessité de fortifier nos vins s'impose aujourd'hui, où le vignoble tout entier se trouve formé de jeunes plantiers dont les vins sont faibles et aqueux; elle devient plus indispensable encore dans les années où le Mildew vient empêcher la maturité des raisins. Mais ce qui rend l'emploi de l'alcool le plus utile, c'est qu'il tue les germes des fermentations secondaires, ferments acétiques, lactiques, butyriques, etc.

De telle sorte que la plupart des vins vinés dans une proportion convenable deviennent meilleurs et plus agréables au goût et à la vue. Parfaitement épurés et limpides, leur conservation est plus longue et plus assurée que s'ils fussent restés naturels. Avec le vinage, on peut dire qu'il n'y a presque plus de mauvais vins. C'est un incalculable avantage pour les vignobles qui possèdent ce droit et utilisent tous leurs vins, faibles ou défectueux.

C'en est aussi un pour le consommateur, qui profite à prix réduits de vins perdus sans cela. En France, ce serait le meilleur moyen de combler l'écart actuel entre la production et les besoins, en permettant de conserver et de consommer la récolte entière.

Cette opération, utile à la majorité des vins, sert en outre à la préparation des vins de liqueurs, en arrêtant la fermentation alcoolique. C'est en ajoutant de l'alcool au moût que l'on conserve la douceur des Muscats, Malaga, Alicante, Clairettes, Vermouths, etc. Les vignobles du Midi trouvaient dans la préparation de ces vins l'emploi avantageux d'une quantité importante de leurs produits, qui fournissaient à Cette une des branches les plus prospères de son commerce.

Aujourd'hui la préparation des vins de liqueurs est interdite en France ; mais, la circulaire de M. Pallain nous le dit, l'entrée des mêmes vins venant de l'Étranger reste, en revanche, parfaitement libre !

Les vins destinés aux pays froids et humides sont fortement vinés, jusqu'à 21° d'ordinaire ; pour l'intérieur de la

France, on s'est toujours contenté d'un vinage modéré; le climat, le goût général, s'opposent à tout excès, et 3 ou 4° d'alcool ajoutés au vin suffisent pour obtenir les résultats désirés.

Il y a eu malheureusement une cause d'abus. Cette cause, c'est l'élévation des droits mis par l'État et les villes sur l'alcool et le vin. La tentation d'introduire des vins d'un degré élevé, dans les villes, pour les dédoubler et gagner ainsi une partie des taxes, parfois même pour les redistiller et fabriquer des eaux-de-vie et des liqueurs, sans payer les droits d'entrée, a amené la suralcoolisation des vins et à la suite l'interdiction du vinage.

Au risque de nous répéter quelque peu, nous croyons devoir appuyer ce que nous venons de dire sur le vinage, de l'opinion du baron Thénard, membre de l'Institut, dont l'autorité est indiscutable parmi les chimistes et les œnologues[1].

« Le vinage existe, dit-il, depuis que l'alcool a été découvert ; il est indispensable à la conservation de certains vins, tels que les vins d'Espagne, de Portugal, de Madère, du Cap, de l'Australie, de Chypre, de la Grèce, d'une partie de la Hongrie, de la Sicile, de l'Italie et du midi de la France, c'est-à-dire à l'immense majorité des vins qui se produisent et se consomment dans le monde.

» Cette opération se pratique, soit à la cuve, c'est-à-dire au moment où l'on fait le vin, soit au tonneau, c'est-à-dire quand il est déjà fait.....

» En dehors de son action directe, l'alcool désacidifie les vins trop acides, développe en eux un goût et un bouquet agréables, en augmente la couleur et permet par là d'éviter les pratiques nuisibles qui tendent à lui en donner.

[1] *Notice sur le vinage*, 1864.

»Quant au vinage, il produit tous ces heureux effets, et, de plus, il donne aux vins une telle solidité que, sous son influence, ils peuvent braver les plus longs voyages, sous les températures les plus extrêmes, et résister à l'action délétère des caves les plus malsaines.

»La liberté du vinage en franchise, en ce qui touche l'amélioration des vins, doit donc, non seulement être maintenue aux départements du Midi, mais même étendue à la France entière.

»Le vinage est favorable à l'hygiène, parce qu'en favorisant l'emploi du vin et en fournissant de l'alcool dilué, il empêche l'abus de l'eau-de-vie, qui énerve et abrutit à cause de sa concentration.»

Le baron Thénard établit nettement, on le voit, les avantages du vinage.

Nous ajouterons à ce témoignage celui de M. Pasteur : «L'alcool, dit-il, est un des ennemis des parasites du vin. Tel vin qui renferme 10 ou 12 °/₀ d'alcool, et dans lequel le parasite de l'amertume se développe facilement, ne pourra plus que très difficilement faire vivre ce cryptogame, si l'on a porté sa proportion d'alcool à 13, 14, 15 °/₀, tous les autres éléments du vin restant pourtant les mêmes[1].»

Le vinage resta libre, en France, tant que l'on distilla seulement du vin. Venant de cette source, l'alcool mélangé ne pouvait donner lieu à aucune crainte hygiénique, à aucun reproche d'adultération, et la production en était trop limitée pour inquiéter le fisc. Il n'en fut plus de même après l'introduction, dans le commerce, de l'alcool d'industrie.

On comprend que le mélange d'esprit provenant de matières étrangères au vin ait excité chez les producteurs et les consommateurs, comme chez les hygiénistes, la crainte

[1] *Études sur le vin*, pag. 76

de voir altérer cet aliment, et dans l'administration celle de voir frauder le Trésor et les Octrois par suite de la production illimitée du nouvel alcool.

Le premier motif était d'autant plus justifié en 1852, qu'à l'origine les alcools d'industrie étaient impurs et pouvaient nuire à la santé. Aujourd'hui les procédés de fabrication et de rectification sont assez perfectionnés pour permettre d'obtenir, quand ils sont bien appliqués, des alcools d'une pureté presque absolue. L'intérêt du commerçant et la surveillance administrative suffisent désormais pour écarter cette cause de crainte à l'égard du vinage.

Son innocuité a été constatée et mise au-dessus de toute attaque par les deux plus hautes autorités en matière d'hygiène, par l'Académie de Médecine et le Comité consultatif d'Hygiène publique.

Consultés par le Ministre de l'Agriculture et du Commerce, le 16 avril 1869, ces deux Corps savants examinèrent la question avec la plus grande attention.

L'Académie, après avoir consacré plusieurs séances à une discussion approfondie, adopta les conclusions suivantes :

« 1° L'alcoolisation des vins faits, plus généralement connue sous le nom de vinage, lorsqu'elle est pratiquée méthodiquement avec des eaux-de-vie ou des trois-six de vin et dans des limites telles que le titre alcoolique des vins de grande consommation ne dépasse pas 10 %, est une opération qui n'expose à aucun danger la santé du consommateur.

» L'Académie reconnaît que le vinage peut être pratiqué avec tout alcool de bonne qualité, quelle qu'en soit l'origine ; toutefois elle a tenu à marquer sa préférence pour les eaux-de-vie et les trois-six de vin, parce qu'elle pense que les vins ainsi alcoolisés se rapprochent davantage des vins naturels.

»2° Quant à la suralcoolisation des vins communs, qui, pour la vente au détail, sont ramenés par des coupages au titre de 9 à 10 °/o, l'Académie reconnait qu'elle peut donner lieu à de fâcheux abus, mais aucune preuve scientifique ne l'autorise à dire que les boissons ainsi préparées, bien que différant sensiblement des vins naturels, soient compromettantes pour la santé publique. »

Voici les conclusions votées par le Comité consultatif d'Hygiène publique (10 janvier 1870) :

«1° Le vinage et le coupage sont deux opérations licites, consacrées d'ancienne date.

»2° L'addition de l'alcool au vin fait n'est pas nuisible à la santé des consommateurs, pourvu qu'elle soit pratiquée avec soin, par fractions et non d'un seul jet, avec des alcools de bonne qualité et sans exagérer outre mesure la richesse alcoolique des vins.

»On peut même affirmer que, dans ces conditions, le vinage est une opération souvent utile et quelquefois indispensable à la conservation et au transport d'un grand nombre de vins. »

Appuyé sur d'aussi puissantes décisions, nous pouvons conclure, avec M. Saintpierre, ancien directeur de l'École d'Agriculture de Montpellier : «L'opinion publique est mal édifiée sur une pratique que la science autorise et conseille même dans certains cas. Les vins vinés ne sont consommés que coupés..... Le vinage est une nécessité, la liberté de viner doit être complète. »

Le Gouvernement, à la suite des traités de 1882, présenta un projet de loi autorisant le vinage. Cette proposition fut reprise l'année suivante par M. Bernard Lavergne, député du Tarn. Elle fut chaque fois repoussée par la Chambre; nous verrons à la suite de quelles manœuvres.

La Société d'Agriculture de l'Hérault a toujours défendu le vinage.

Les viticulteurs, réunis annuellement à l'École d'Agriculture de Montpellier, ont chaque fois émis le vœu unanime que le vinage soit autorisé.

De nombreuses Chambres de commerce, entre autres celles de Bordeaux, de Montpellier, de Cette et de Béziers, ont dans toutes les occasions réclamé la liberté de viner en franchise ou à droit réduit.

Un telle réunion d'opinions autorisées, de vœux favorables, doit rassurer les hygiénistes sérieux, les viticulteurs et les hommes politiques honorables qui, effrayés des dangers de l'alcool et des abus du vinage, confondus et grossis à dessein, ont été les adversaires de cette mesure. Mais si ces hommes, dont nous respectons les craintes sincères, peuvent être ramenés ainsi que les viticulteurs du Centre et leurs représentants, il en est d'autres qui ne se rendront jamais aux meilleures raisons. Ce sont les fraudeurs, les étrangers et certains négociants français établis au dehors, coalisés pour empêcher le droit légal de vinage, afin d'en conserver le monopole.

Les fraudeurs ont déployé toute leur ingéniosité pour viner, malgré la prohibition et la Régie. Ils ont commencé par utiliser la liberté de vinage pour l'exportation. Comme l'on sait, chaque négociant exportateur peut employer autant d'alcool qu'il le veut, à la condition d'opérer sous la surveillance de la Régie. Un compte lui est ouvert, sur lequel l'alcool entré chez lui est porté à sa charge, pour être déchargé lors de la sortie du vin viné et de son départ pour l'étranger.

Beaucoup de vins exportés n'étant pas vinés, surtou pour l'Algérie; on profitait de la faculté accordée pour viner, à leur place, des vins destinés à l'intérieur. L'exportateur se livrait à cette substitution pour son compte ou pour celui d'un autre négociant, moyennant une prime.

Après le vinage fictif pour l'exportation est venue l'exportation fictive. Des chargements de vins vinés étaient expédiés en Algérie, en Espagne, d'où on les faisait revenir après les avoir dénationalisés, et, si l'opération s'était faite en Espagne, en payant les droits de douane, pour les faire rentrer en France. Ces vins accomplissaient un voyage circulaire avec billet d'aller et retour. Ce sont ceux que nous avons vus figurer pour 14 millions, au compte des importations de produits français en Espagne.

A première vue, on est tenté d'approuver ces opérations, qui utilisent des alcools français, occupent des ouvriers français, versent une prime d'encouragement à l'exportation ou des droits de douane au Trésor, sans lui rien coûter. On se dit que c'est tant de moins de payé à l'étranger et l'on répète un mot connu : «la fraude corrige les mauvaises lois». Mais l'Administration, qui peut-être fermait les yeux au début, s'aperçoit que l'intérêt particulier chargé de cette correction ne tarde pas à dépasser la mesure. C'est que la fraude va toujours se perfectionnant.

Pour éviter les frais d'embarquement et de transport, les primes d'exportation et les droits de douane, on trouva un procédé plus simple que le vinage ou l'exportation fictive : ce fut l'embarquement fictif. On déclarait en douane une expédition de 200 fûts; les permis de douane, manifestes, etc., étaient dressés pour ce nombre. On embarquait 20 fûts seulement, et un lavage chimique, en supprimant un zéro, mettait les pièces en règle. Ce procédé était trop ingénieux, car il est qualifié de faux en écriture publique par le Code français, et taxé de crime, ce qui n'est pas engageant pour tout le monde.

De pareilles pratiques amènent une démoralisation générale. Elles sont réservées à des hommes aussi audacieux que peu scrupuleux ou qui se croient, par des protections politiques, au-dessus des lois et des répressions, et elles rendent les affaires impossibles aux autres. Dans ce genre d'opérations, on tentera toujours d'acheter et de corrompre les agents du fisc. Ouvriers, matelots, à leur tour, voudront leur part du gain illicite et pilleront le fraudeur sans qu'il ose se plaindre de ceux qui ont son secret. Il n'est pas jusqu'à ces lazzaroni cosmopolites, buveurs et voleurs de vin, appelés à Cette du nom pittoresque de *couche-vêtus*, qui ne soient encouragés par l'exemple et ne se sentent dans le mouvement.

Qu'est-il advenu d'ailleurs ? Les déficits des budgets ont rendu le Gouvernement féroce. Ne pouvant revenir sur les traités de commerce, il a fait payer ses fautes, tant à ceux qui prenaient la liberté de les corriger qu'à ceux qui les subissaient. Pour éviter la fraude, le commerce a été soumis à des persécutions sans nombre.

Les négociants en vins ont dû couper leurs établissements en deux, avoir des magasins distincts pour le commerce avec l'intérieur, et d'autres réservés à l'exportation, séparés les uns des autres par une rue publique.

Il leur a été défendu d'échanger des vins vinés entre eux, sans une autorisation spéciale.

Maintenant ils sont tenus de justifier, dans un délai déterminé, de la réception et du déchargement des vins expédiés dans le bassin de la Méditerranée.

Toutes ces mesures achèvent de tuer le commerce régulier et l'exportation réelle qui s'efforçait de conserver ses relations et des débouchés à nos vins.

Des poursuites acharnées ont eu lieu ; on a vu passer aux Assises le Maire d'une ville importante, frère du gouverneur d'une colonie. Des amendes d'un demi-million, dit-on, lui ont été infligées. La conséquence de tous ces actes a été la ruine lamentable d'une foule de négociants, pour le plus grand profit des étrangers, qui, libres et tranquilles, vinaient à flots hors de nos frontières et nous inondaient de leurs mixtures.

Le tort impardonnable de quelques fraudeurs, celui qui doit leur enlever toute sympathie et toute commisération, c'est de s'être opposés avec acharnement à la loi du vinage, afin de continuer leur métier, et de s'être alliés pour cette œuvre antinationale à certains négociants français établis à l'étranger.

Nous ne blâmons assurément pas les importateurs de vins étrangers. Ils subissent la loi du moment et ne peuvent faire du patriotisme en affaires ; ce serait à leurs clients à commencer, et nos Parisiens ne paraissent pas disposées à imiter les colons américains, qui renoncèrent à boire du thé pour ne pas payer de taxe aux Anglais. Les négociants qui achètent et importent de vrais vins préféreraient d'ailleurs les viner en France, sous leur surveillance, que de faire cette opération au loin. Il n'en est pas de même des fabricants de vins artificiels, qui, plus prudents que leurs congénères de l'intérieur, ont mis la frontière entre eux et la Régie appuyée du Parquet. Ce sont ceux-là qui combattent la franchise du vinage à l'intérieur, parce qu'elle ferait disparaître leur industrie. Masqués par leur titre de Français, ils font parade d'un grand zèle pour la pureté des vins nationaux, pour la santé du pauvre peuple. Plus d'une fois ils réussissent à se couvrir de l'autorité des fonctions électives.

On a parfois fait justice de ceux qui oublient que, si le patriotisme ne s'impose pas au commerçant, il devient un devoir pour un élu du peuple. Ainsi, on a obligé un conseiller municipal de Paris à donner sa démission parce que, marchand de jouets, il avait une fabrique en Allemagne. Mais celui-là n'avait pas fait voter une loi pour empêcher la vente des produits français. Peut-être avons-nous rencontré un exemple plus complet.

En 1883, la Chambre fut saisie par M. Bernard Lavergne d'une proposition demandant le vinage à prix réduit, afin de conserver les vins de la récolte précédente, exceptionnellement faibles.

M. Raspail combattit ce projet et opposa à M. Salis, qui venait de le défendre, une lettre qui détruisit tout l'effet du discours de ce député. Nous empruntons le récit de l'incident à l'*Officiel*[1].

« M. Benjamin Raspail.— On nous a parlé du département de l'Hérault ; eh bien ! voici une correspondance qui, à nos yeux, a un puissant intérêt et qui certes intéressera le Gouvernement ; j'appelle sur elle l'attention de M. le Ministre des Finances. Elle émane du Vice-Président du Conseil général de l'Hérault ; par conséquent, je crois qu'un élu du Suffrage universel, occupant une telle situation, ne parle sur une question comme celle qui nous occupe, qu'à bon escient et après avoir pesé toutes ses assertions ; voici sa lettre :

»Montpellier, le 31 mai 1883.

« Monsieur le Député,

»La première partie de la lettre est destinée à établir que les départements du Tarn et du Tarn-et-Garonne, visés spécialement par la proposition de loi, ne récoltaient ensemble que 1.368.366 hectolitres, et avance, sans le prouver, que les deux tiers au moins de ces vins étaient déjà vendus ; l'écrivain parait oublier que la loi devait s'appliquer à toute la France.

»Où sont donc, dit-il, les nombreux millions d'hectolitres que M. Bernard Lavergne prétend vouloir conserver à l'aide du vinage ?

»Quelles que soient d'ailleurs les raisons qui militent en faveur

[1] *Journal Officiel*. Séance du 10 juin 1883.

de ces départements, peut-on invoquer pour eux une loi d'exception, alors qu'en 1875 on n'a rien réclamé pour le département de l'Hérault, qui avait récolté cette année-là 9.423.193 hectolitres, dans les mêmes conditions qu'en 1882?

»Vous avez très bien dit que la délégation du commerce des vins et de la propriété du Midi, dont j'avais l'honneur de faire partie, rassurée sur l'impossibilité de l'adoption d'une pareille mesure, avait quitté Paris avec la certitude que le maintien du *statu quo* était la seule chose possible.

»Malgré donc la persistance de M. Bernard Lavergne, nous sommes persuadés que la majorité de la Chambre repoussera sa proposition de loi.

»Une considération aussi de premier ordre, et qui n'échappera pas au Parlement, c'est qu'il a été suffisamment parlé, d'une façon par trop officielle, de la dépréciation de nos vins, pour que les représentants du pays viennent, par un vote favorable au vinage, donner une nouvelle sanction à ces dires.

»N'ont-ils pas été suffisamment mis en éveil contre les dangers de pareils aveux, par le fait récemment survenu à Bordeaux, où le Consul des États-Unis a déclaré que tous nos vins étaient frelatés?

»Le vinage consenti, libre, en même qu'il serait la reconnaissance de la vérité de ces allégations, ne serait-il pas aussi le danger le plus grand pour la santé publique et la ruine de la propriété?

»Nous comptons sur votre dévouement aux intérêts de la France pour empêcher que de pareils désastres ne se produisent. »

M. Salis eut beau dire : « L'auteur de cette lettre est négociant et intéressé dans la question », on lui répondit : « Vous n'êtes pas d'accord entre vous ». Le coup fut porté et le projet de loi repoussé.

N'ayant pas vu le nom de ce Vice-Président du Conseil général dans l'*Officiel*, nous nous demandons si M. Raspail n'aurait pas été dupe d'une mystification.

Nous avons bien entendu parler d'un Conseiller général de l'Hérault qui, négociant en vins et *négociant établi en*

Espagne, aurait, lors de la présentation de la loi du vinage, mené une campagne d'ardente opposition, de compagnie avec ce maire dont nous avons rappelé les mésaventures.

Dans un Congrès tenu à Béziers, les deux associés, appuyés par un groupe bruyant de faux bouilleurs de cru et de pseudo-exportateurs, après s'être violemment opposés aux négociants les plus honorables, entre autres au Président du Congrès, qui demandaient le droit de vinage pour tous, se firent nommer, par leurs adhérents, membres de la délégation dont il est question dans la lettre.

Lors de la session extraordinaire tenue en janvier dernier par le Conseil général de l'Hérault pour protester contre le renouvellement du traité avec l'Italie, le même Conseiller, sans paraître se douter que sa situation d'intéressé lui commandait l'abstention, croyant au contraire en imposer à ses Collègues et à l'opinion publique, prétendit et soutint « que les vins d'Italie et d'Espagne nous étaient indispensables [1] ».

»Nos vins du Midi, dit-il, ne peuvent être livrés au commerce et à la consommation qu'additionnés de vins *plus alcooliques* et plus colorés qui arrivent de l'étranger.

» Si, par des droits élevés de douane, ces vins étrangers sont éloignés des marchés français, l'écoulement de nos vins deviendra presque impossible.

» A l'expiration des traités de commerce avec l'Espagne, c'est-à-dire en 1892, le moment sera mieux choisi pour élever les droits de douane.

» Il n'est pas exact que la généralité des vins espagnols entre en France à 15°,9 ; ce n'est là que l'exception, la règle est que ces vins sont livrés de 14°,5 à 15°.

[1] Voir les procès-verbaux du Conseil Général, session extraordinaire de 1888, 4e Séance, samedi 28 janvier soir.

» Obligé d'avouer que certains produits venant de l'étranger n'ont de vin que le nom et ne sont que le véhicule des alcools allemands, il affirme néanmoins aussitôt après que «les vins de raisins secs et autres fruits similaires sont pour nos vins méridionaux le véritable ennemi».

«Il ne saurait trop convier tous les défenseurs de la viticulture à porter leurs plus grands efforts à combattre cet ennemi, le seul en ce moment véritablement redoutable.»

(Ne serait-ce pas parce qu'il fait concurrence aux vins d'Espagne?)

Après ces paroles, ce Conseiller, *seul*, *vota pour le maintien des* 15°,9, le Conseil entier se prononçant pour la réduction du degré.

Le correspondant de M. Raspail qui fait appel au dévouement de ce député à la France, pour la sauver du vinage à l'intérieur, «ce désastre entraînant la perte de la réputation de nos vins, le plus grand danger pour la santé publique, la ruine certaine de la propriété», ne serait-ce pas le même homme que le Conseiller général, avocat chaleureux des vins d'Italie et d'Espagne, du vinage à l'étranger et de l'alcool allemand ?

Il serait intéressant de savoir si le Conseil général de l'Hérault avait autorisé son vice-président à signer de son titre officiel la lettre lue à la Chambre et s'il en accepte la responsabilité.

Quoi qu'il en soit, l'honorable M. Raspail peut reconnaître que dans cette lutte de la fraude contre la loi, de la Prusse contre la France, il s'est fait l'allié de ceux qu'il croyait combattre et que, voulant assurer à ses compatriotes l'avantage désirable de boire des vins purs, il a contribué à les maintenir dans la nécessité de s'abreuver d'alcool de pommes de terre.

Dans la lettre qui nous occupe, il est dit qu'en 1875 on

n'avait pas demandé le vinage pour conserver les vins de l'Hérault, plus abondants et plus défectueux qu'en 1882.

C'est le contraire de la vérité.

C'est en cette année 1875 que, sur la demande des propriétaires, le Gouvernement rétablit le droit des bouilleurs de cru. Qu'est-ce que ce droit ? C'est, pour le propriétaire, le droit de distiller une partie de sa vendange et de se servir de l'alcool obtenu pour viner l'autre partie. C'est donc le droit de vi :age en franchise, mais limité au récoltant employant sa récolte Cela suffisait largement en 1875, où il n'était certes pas besoin de recourir aux alcools d'industrie, puisque dans cette année exceptionnelle les vins de l'Hérault se vendaient 3 fr. l'hectolitre et le 3/6 de vin (à 86°) valait 40 fr. La moitié des vins furent brûlés pour viner l'autre moitié, moins altérée, qui put ainsi être sauvée et conservée, au grand profit des propriétaires qui firent cette opération.

Ainsi, en 1875, le vinage a été autorisé et pratiqué en franchise.

L'exemple cité et dénaturé prouve donc le contraire de ce que veut démontrer l'auteur de la lettre.

Ce qui s'est passé en 1875 est la meilleure preuve de la nécessité du vinage ou du maintien du droit du bouilleur de cru, appelé à tort privilège. On en a abusé, en distillant des matières non récoltées dans la propriété, figues, caroubes, mowhra, maïs, raisins secs, et en vendant clandestinement l'eau-de-vie, dans le Nord à la consommation, dans le Midi au commerce, pour le vinage. Tout cela peut être empêché par la Régie, mais ne doit pas entraîner la suppression d'un droit, indispensable en de certaines circonstances.

Prohiber l'entrée des matières étrangères à la propriété, surveiller la fabrication, punir la vente clandestine de l'eau-de-vie, c'est le droit et le devoir du fisc. Supprimer le droit de distiller une partie défectueuse de la récolte pour mélanger avec l'autre portion les éléments spiritueux débarrassés des matières organiques altérées, c'est condamner le propriétaire à perdre la totalité de sa récolte, comme il l'aurait perdue en 1875 à la suite des vendanges pluvieuses.

Il serait aisé d'empêcher les abus du droit de bouilleur de cru, comme de tous les autres procédés de vinage et d'emploi de l'alcool ; c'est la politique qui empêche la répression. En supprimant ce droit, le Gouvernement et la Chambre ont fait supporter aux agriculteurs et au commerce régulier la peine méritée par les coupables. Une fois de plus, ils ont détruit les franchises intérieures, comme s'ils voulaient rendre plus sensibles et plus complets les privilèges des étrangers.

Malgré ce que le sujet a de pénible, nous avons cru nécessaire de démontrer que les adversaires les plus acharnés du vinage légal, ce sont les praticiens du vinage illégal : prétendus bouilleurs de cru distillant tout autre chose que leur récolte et vendant clandestinement leurs eaux-de-vie ; pseudo-exportateurs simulant des vinages et des expéditions pour l'étranger ; enfin négociants français établis au dehors et ayant épousé par suite les intérêts de l'Italie, de l'Espagne et de la Prusse ; société formée pour l'exploitation d'un monopole et soutenue par des hommes politiques, dupes ou complices.

Il suffit, pensons-nous, d'avoir démasqué cette opposition et ses motifs, pour en écarter les hommes honorables qui ont fait cause commune avec elle.

Ils réfléchiront que, pratiqué en France, le vinage sera surveillé par la Régie et n'emploiera que des alcools rectifiés, inoffensifs pour la santé.

En ne l'autorisant que chez le récoltant sur des vins d'un

titre normal et dans une limite restreinte, on doit écarter toutes les préventions et faire tomber les dernières objections.

Si le viticulteur n'use pas lui-même de ce droit, il doit lui suffire qu'il soit utile au négociant acheteur de son vin, car il est intéressé à ce que celui-ci puisse toujours utiliser, conserver et revendre avantageusement sa récolte, dans les bonnes comme dans les mauvaises années Il doit aussi être convaincu aujourd'hui que, jusqu'à l'expiration des traités, le vinage est l'unique moyen de lutter à armes égales contre les vins étrangers.

L'homme politique reconnaîtra qu'il est nécessaire de mettre fin à la situation actuelle du commerce des vins et à ses immenses importations, ruineuses pour le pays ; que l'État bénéficiera de l'accroissement de production, de travail et de commerce, conséquence de la liberté du vinage, en outre d'un droit spécial qui peut fournir au budget un appoint appréciable.

Les viticulteurs du Centre pourraient croire que le vinage profitera seulement à leurs concurrents du Midi et ramènera la supériorité de ce vignoble. Nous leur ferons observer que cette mesure sera transitoire, limitée par la date où les traités expirent. Dans les quatre ans à courir, le Midi pourra à peine reconstituer son vignoble, et, passé ce délai, tous rentreront dans les conditions de concurrence normale entre vins naturels.

Répéteraient-ils que le vinage altérera la pureté et nuira à la réputation de leurs vins ? Nous serions obligé de leur dire qu'il ne peut plus être question de la pureté des vins, pris dans l'ensemble, d'une contrée inondée de vins venus de tous les pays du monde, sans compter les vins de raisins secs, et que la réputation doit forcément s'y restreindre aux récoltes locales et aux crus particuliers.

Diront-ils qu'ils ne vineront pas, parce que leurs vins conservés par l'acidité et le tannin perdraient leur fraîcheur et leur délicatesse par un mélange d'alcool?

Il serait permis de leur rappeler que toutes les années ne sont pas favorables et que, même en dehors des attaques si graves du Mildew, les intempéries donnent parfois à leurs vins une faiblesse extrême et une tendance à s'altérer, qui leur rendra le vinage très utile.

Sans doute ce sont les vins des pays chauds, dépourvus d'acide et de tannin, conservant du sucre non fermenté, qui ont le plus grand besoin de vinage. Ce sont eux qui, par leur nature et leur emploi, ressemblent le plus aux vins d'Italie et d'Espagne et souffrent le plus de leur concurrence. C'est à eux que la loi de 1852 avait réservé la franchise du vinage, et nous avons pensé d'abord que c'était à eux que cette faculté devait être rendue, mais toutefois en élargissant la zone des sept départements favorisés et en y comprenant tous les départements producteurs de vins similaires. Plusieurs raisons nous confirmaient dans cette pensée.

Les vignobles des régions froides ont pour eux le sucrage; le vinage pour les pays chauds ne ferait que rétablir l'égalité.

Pour le fisc, l'éloignement des grandes places de consommation serait une garantie contre l'abus du vinage et le détournement de l'alcool.

Il y avait enfin un motif de justice et d'humanité à réserver cette faveur à ceux qui ont si cruellement souffert du Phylloxera.

Mais nous avons réfléchi que cette opération pourrait être utile à tous, dans de certaines occasions, et que le mot seul de privilège suffirait pour amener un échec.

C'est pourquoi nous demandons le droit de vinage pour tous les viticulteurs de France, jusqu'à l'expiration des traités de commerce. Mais nous le demandons chez le propriétaire récoltant, car le vinage doit rester le moyen d'améliorer et de conserver le vin naturel et non de fabriquer des vins artificiels.

Nous n'entrerons pas dans la discussion des règlements administratifs qui doivent présider à cette opération. Quel devra être le degré minimum des vins sur lesquels elle pourra être pratiquée ? Combien de degrés pourra-t-on ajouter; en d'autres termes, quelle quantité d'alcool pourra-t-on mélanger a une quantité donnée de vin? Quel droit appliquera-t-on à l'alcool employé? Devra-t-on autoriser le vinage, en entrepôt, des vins importés ?

Toutes ces questions seront résolues sans grande difficulté si l'on est d'accord sur le principe.

Nous nous bornerons à indiquer une règle dont on ne peut s'écarter justement.

Le vinage devra être autorisé en France à des conditions aussi avantageuses que dans les pays avec qui nous avons des traités, et nous devrons nous baser sur celui qui permettra cette opération aux conditions les moins onéreuses. Si l'on continue à viner en franchise en Espagne, il devra en être de même en France.

De même pour le degré. Si nous recevons tous les vins étrangers à 15°,9, on doit autoriser le vinage jusqu'à ce même titre. Mais si, tout en maintenant ce degré, on est certain que l'analyse jointe à la dégustation permet de reconnaître l'alcool ajouté au vin au delà de 3°, et que l'on soit résolu à repousser tous les vins survinés, on pourra limiter à 3° le vinage à l'intérieur.

C'est là de la simple justice, et l'on ne peut taxer d'exigeant et d'exagéré le viticulteur qui demande dans son pays l'égalité avec l'étranger.

Est-il possible d'obtenir des Chambres le vote du droit de vinage ?

Ce droit a été proposé ou appuyé deux fois par le Gouvernement et rejeté à une faible majorité; il figurait cette année encore dans les projets de la Commission du budget. Et tandis que le vinage est interdit en France, il est autorisé en franchise en Algérie.

Dans de telles conditions, si les députés des vignobles intéressés, unis à ceux des régions productrices d'alcool, arrivaient à une entente sur cette question, ils n'auraient pas de peine, semble-t-il, à vaincre l'opposition et à entraîner la masse indécise, en lui montrant l'intérêt national.

V.

Les traités de commerce, en admettant les vins étrangers à 15°,9, moyennant un droit de 2 fr. par hectolitre et les raisins secs à fr. 6 les 100 kil., leur ont livré les marchés français.

Les viticulteurs étrangers se sont empressés de s'en emparer, et y écoulent 2 millions de tonnes de raisins secs et plus de 12 millions d'hectolitres de vins portés au degré toléré avec un million d'hectolitres d'alcool allemand.

Cet alcool est primé par la Prusse de 40 fr. par hect. exporté. La France se protège contre son introduction en nature et directe par des droits de douane de 70 fr. Une fois transformé en vin, il paye seulement 12 fr. par 100 degrés et se trouve exonéré du droit de 156 fr. payé par les alcools indigènes.

Les avantages de prix, de qualité, de transport, de dédoublement des vins vinés, mélangés aux vins de raisins secs, rendent la lutte impossible aux vins français, grevés de plus d'impôts, de transport, de main-d'œuvre, de frais de reconstitution de la vigne, de traitement contre ses maladies et à qui le vinage est interdit.

Les faveurs administratives, dégrèvements, subventions, seront impuissantes à relever la viticulture française. Ce que peut donner le Gouvernement sera toujours insignifiant, comparé à la somme énorme versée par les acheteurs de vin. Le meilleur moyen de récolter du vin, c'est d'en avoir la vente.

Pour cela, il faut rendre les marchés nationaux au produit national.

Relever les tarifs de douane pour les vins et les raisins secs vis-à-vis des nations avec qui nous n'avons plus de traités, taxer les vins selon leur force alcoolique, ne pas accorder de nouveau la clause de la nation la plus favorisée, cela s'impose en première ligne et sans conteste.

Il est plus difficile de se défendre contre les États envers qui nous sommes liés jusqu'en 1892.

Réduire le degré pour la circulation des vins à l'intérieur serait utile, pourvu que la limite reste au moins à 12,9 ; mais ce moyen, difficile à appliquer, sera insuffisant, car on vinera tant que la chimie ne pourra pas reconnaître l'alcool ajouté.

Les mesures que nous jugeons les plus efficaces sont :

Le vinage à l'intérieur aux mêmes conditions, au même degré qu'à l'étranger, jusqu'à l'expiration des traités.

L'assujettissement des raisins secs aux formalités et à la surveillance de la Régie et aux mêmes impôts intérieurs que les vins.

La réduction des frais de transport à l'intérieur combinée avec le rétablissement des droits de port, relevant le prix des transports maritimes.

Tels sont les moyens qui, d'après nous, mettraient fin aux privilèges iniques accordés à la viticulture étrangère et en opposant le vin au vin, l'alcool à l'alcool, nous permettraient la lutte à armes égales.

L'avis de l'Académie de Médecine, formulé avant le perfectionnement de la rectification des alcools, doit rassurer les hygiénistes à l'égard du vinage, dont les seuls adversaires acharnés sont ceux qui en abusent et veulent en garder le monopole.

Les moyens proposés dépendent entièrement de la volonté de nos gouvernants ; il suffit d'un arrêté administratif, d'une loi qui peut être votée et appliquée en quelques jours, pour relever une industrie qui a tant souffert, guérir les plaies du Midi, enrichir le Nord, l'État et la France entière.

En rendant ses marchés intérieurs à ses vins et à ses alcools, en écartant les vins et les alcools étrangers, la France cessera d'être la dupe et la risée de ses voisins et verra la fin d'une situation intolérable et ruineuse.

La région du Nord, certaine d'un nouveau et important débouché pour ses alcools, accroîtra sa culture de betteraves, et grâce à elle l'alcool et le sucre, le pain et la viande, seront produits abondamment. De nombreux ouvriers agricoles seront employés à la ferme, à la distillerie, à la sucrerie, et y trouveront, avec un salaire élevé, la vie à bon marché.

Dans les vignobles, le cultivateur, désespéré aujourd'hui en face de ses vins délaissés, reprendra espoir en se voyant protégé contre l'invasion des raisins secs et des alcools allemands. Encouragé par le dégrèvement, garanti par le vinage contre les éventualités de récoltes défectueuses, il continuera avec confiance, avec ardeur, l'œuvre de la reconstitution. Il y trouvera, sinon la fortune d'autrefois, au moins l'aisance et la juste compensation de ses sacrifices. Après tant d'années de misères et de luttes, il verra renaître les jours heureux du passé et célébrera encore la fête joyeuse des vendanges. Il remplira encore les grands foudres du jus empourpré de la grappe, et verra l'acheteur accourir, lui apportant la récompense de sa peine, l'encouragement à de nouveaux travaux.

Du Nord au Midi se renouvellera ce trafic incessant d'autrefois : le Nord enverra son alcool, le Midi expédiera son vin, mûr, savoureux et néanmoins solide et de bonne garde, adjuvant nécessaire des vins faibles et délicats du Centre, aliment salubre et réconfortant.

Les ouvriers des grandes villes boiront un vin français sain et naturel, et en échange les populations agricoles, revenues à l'aisance, achèteront les produits de leurs manufactures, aussi bien les soieries de Lyon que les meubles de Paris.

Le commerce régulier et honnête reprendra sa place à l'intérieur, en attendant de reconquérir à nos vins les marchés du dehors.

Les Chemins de fer verront leurs recettes s'augmenter et n'auront plus recours à la garantie de l'État.

La France ne payera plus un tribut annuel de 650 millions à l'Étranger, qui l'emploie à s'armer contre elle.

Une des brèches par lesquelles ce qui reste de sa fortune s'écoule à flots, sera fermée. L'argent français fera vivre le peuple français.

La population des campagnes, dont le bras robuste sait cultiver et défendre le sol natal, s'accroîtra au lieu d'émigrer.

La prospérité renaîtra, rendant la richesse et la force à notre France.

CONCLUSIONS.

Nous renouvelons notre adhésion à la pétition de la Société d'Agriculture de l'Hérault, que nous croyons utile de reproduire ici.

Elle demandait :

1° Que les traités de commerce avec les nations étrangères ne soient pas renouvelés.

2° Que les vins étrangers soient soumis à des droits qui frappent l'excédent de leur force alcoolique comparativement à celle des vins français, et que les tarifs de douane soient revisés dans ce sens.

3° Que les intérêts de la viticulture ne soient pas sacrifiés comme ils l'ont été jusqu'à présent, si de nouveaux traités sont conclus.

4° L'interdiction absolue de toute introduction de vins fraudés et falsifiés.

5° Des droits suffisants sur toutes les matières pouvant servir à la fabrication des vins artificiels, notamment sur les raisins secs, en basant ces droits sur la quantité de vin qu'ils peuvent produire.

6° Qu'à l'avenir la clause de la nation la plus favorisée ne soit plus insérée dans aucun traité.

A ces vœux, nous ajoutons les suivants ; nous demandons :

7° La modification, par le Laboratoire municipal de Paris,

de ses procédés en ce qu'ils ont de favorable aux vins étrangers et à ceux de raisins secs et de contraire aux vins français.

8° Le relèvement des droits dans les ports maritimes. La réduction des tarifs de chemins de fer et des droits de navigation sur les canaux, pour le transport des vins. La suppression, par l'État, de l'impôt sur la petite vitesse, pour cet article.

9° Un droit de 20 fr. par 100 kil. sur les raisins secs, et leur assujettissement, dès leur sortie de la Douane, à la surveillance et aux formalités de la Régie et leur assimilation aux vins pour le payement de toutes les taxes et impôts intérieurs.

10° Que les vins étrangers soient soumis à un droit d'entrée de 6 fr. par hect., jusqu'à 10°, les degrés au-dessus payant les droits sur l'alcool employé au vinage à l'intérieur, ajoutés au droit de douane sur l'alcool étranger.

11° La réduction du degré des vins circulant au droit simple, mais sans descendre au dessous de 12°,9.

12° L'autorisation du vinage en franchise ou à droit réduit, à la propriété, jusqu'à l'expiration des traités de 1882.

Tableau comparatif de l'Extrait sec contenu dans divers vins.

FRANCE.

Centre	Alcool.	7 à 10 %	Extrait.	18 à 23 gram.
Bourgogne ...	—	6 11	—	16 21
Bordelais	—	9 11	—	19 21
Midi	—	7 15	—	18 26

ÉTRANGER.

Espagne	Alcool. Tous ou	Extrait.	22 à 35 gram.
Italie........	presque tous ces	—	20 26
Sicile	vins entrent en	—	22 35
Turquie	France à 15°.	—	25 40

RAISINS SECS.

Piquettes de Corinthe..	Alcool.	»	Extrait...	36gr,05
— de Thyra	—	»	— ...	30 ,30
— de Vourla....	—	»	— ...	30 ,5
Vin fabr. à Marseillan..	—	7 %	— ...	31 ,3
Autre..............	—	8	— ...	26 ,5

Ce tableau a été dressé, à la suite des analyses faites lors de l'exposition universelle de 1878, par M. L.-M. Célérier, rapporteur de la section des boissons fermentées, et complété, pour les raisins secs, par les résultats publiés par MM. A. Gauthier et Reboul.

Importations en France des vins ordinaires et des raisins secs, de 1875 à 1887.

COMMERCE SPÉCIAL.	VINS ORDINAIRES.	RAISINS SECS.
—	—	—
1875......	8.351.741	5.755.614
1876......	18.468.811	5.447.204
1877......	22.593.989	8.649.482
1878......	50.204.145	14.829.096
1879......	107.479.899	40.807.043
1880......	297.917.248	62.631.970
1881......	346.516.425	37.364.289
1882......	295.207.947	31.903.088
1883......	360.000.000	39.000.000
1884......	319.664.326	49.644.909
1885......	361.476.779	95.350.824
1886......	489.985.194	88.422.465
1887......	545.000.000	98.000.000
Fr.	3.222.866.504	577.805.984

Importation de l'alcool en Espagne.

1875....	82.622 hect.	1882....	576.793 hect.
1876....	125.924 »	1883....	638.266 »
1877....	198.989 »	1884....	658.646 »
1878....	143.948 »	1885....	948.139 »
1879....	340.767 »	1886....	1.088.569 »
1880....	557.312 »	1887....	841.812 »
1881....	553.173 »		

La diminution de 1887 correspond au commencement des sévérités de la douane française contre les piquettes vinées.

Il est impossible de connaître exactement la quantité d'alcool exporté en France par l'Espagne, dans les vins vinés.

Pour y parvenir, il faudrait, d'une part, ajouter aux quantités importées, indiquées ci-contre, les alcools distillés dans la péninsule, 3/6 de vin, alcools de grains, fabriqués notamment à Barcelone ; de l'autre, déduire la consommation intérieure et l'alcool versé dans les vins exportés ailleurs qu'en France. Cet état est d'autant plus impossible à dresser que jusqu'ici les boissons ne sont pas, en Espagne, soumises à l'impôt et que la statistique y est à l'état rudimentaire.

Mais on a une base suffisante dans l'accroissement des importations d'alcool depuis le traité de 1882, pour pouvoir dire que la presque totalité est destinée à viner les vins exportés en France. En joignant à ces quantités livrées par l'Espagne celles expédiées par l'Italie, le Portugal, l'Autriche-Hongrie, la Grèce, la Turquie, la Suisse et l'Allemagne, nous ne pouvons être au-dessus de la vérité en évaluant la totalité de l'alcool importé en France à un million d'hectolitres d'alcool pur.

Or, un million d'hect. à 100°, divisés sur 12 millions d'hect. de vin importés, donnent 8°,3 par hect. En admettant que tous les vins importés entrent au titre de 15°,3, leur titre alcoolique se décompose en 7°,6 alcool naturel, 8°,3 alcool ajouté. C'est-à-dire que plus de la moitié de la force alcoolique totale des vins importés provient de l'alcool d'industrie et du vinage.

Si l'on séparait les deux éléments, on aurait 6,288 mille hectolitres d'alcool dilué contre 5,712 mille hectolitres de vin naturel.

Depuis 1882, il est entré en Espagne 4,750 mille hectolitres d'alcool, payant 25 fr. de droit d'entrée, soit ensemble environ 120 millions.

En autorisant le vinage à l'intérieur, la France aurait donc importé annuellement 6 millions d'hectolitres, de soi-disant vin, de moins, sans diminuer la quantité de boisson alcoolique offerte aux consommateurs. Elle eût enrichi ses distillateurs, ses chemins de fer, ses viticulteurs, dont le vin eût servi de véhicule aux alcools et dont la production ainsi encouragée eût bientôt assez grandi pour restreindre le vinage. En mettant un droit de 25 fr. sur l'alcool employé, le Trésor aurait reçu au moins les 120 millions perçus par l'Espagne.

Le résultat fâcheux de la prohibition du vinage pendant la période écoulée depuis la signature du traité est incontestable. Il dépend des viticulteurs d'empêcher qu'il se continue jusqu'en 1892, en obtenant le droit de vinage, combiné ou non avec la réduction du degré, avant la récolte prochaine.

TABLE DES MATIÈRES

CHEZ LES MÊMES ÉDITEURS

FOEX (G.). Cours complet de Viticulture; par G. FOEX, Directeur de l'École nationale d'Agriculture de Montpellier, 2e édition, revue et considérablement augmentée. Montpellier, 1888. 1 vol. in-8° de 942 pages avec 4 cartes en chromo et 501 figures dans le texte; prix 16 fr. Franco poste................ 17 fr. 50

— Rapport sur le Plâtrage des vins; par G. FOEX, Directeur de l'École nationale d'Agriculture, suivi des Expériences sur le plâtrage des vins effectuées à l'École nationale d'Agriculture de Montpellier, sur l'ordre de M. le Ministre de l'Agriculture, par MM. BOUFFARD, AUDOYNAUD et BOURDEL. Montpellier, 1888. 1 vol. in-8; prix 2 fr. 50. Franco............... 2 fr. 75

SAHUT (Félix). Les Eucalyptus; aire géographique de leur indigénat et de leur culture; historique de leur découverte; description de leurs propriétés industrielles, assainissantes, médicinales; guide théorique et pratique de leur culture; par Félix SAHUT, avec figures dans le texte et une carte de la Tasmanie. Montpellier, 1888. 1 vol. gr. in-8; prix 4 fr. Franco poste.. 4 fr. 50

TOCHON (P.). L'Art de faire le Vin et de lui conserver ses qualités, conseils et renseignements aux Vignerons et aux Viticulteurs; par P. TOCHON, Président de la Société d'Agriculture de Chambéry, 2e édition revue et augmentée. Montpellier, 1888. 1 vol. in-8 de 128 pages; prix 2 fr. 50. Franco poste.. 2 fr. 75

SAHUT (F.). De l'Adaptation des Vignes américaines au sol et au climat, Conférence faite au Congrès agricole et viticole de Toulouse le 22 octobre 1887, *suivie d'une étude sur le bouturage à un œil*; par M. Félix SAHUT, Vice-Président de la Société d'Horticulture de l'Hérault. Montpellier, 1888. 1 vol. gr. in-18 avec 12 figures intercalées dans le texte; prix 1 fr. 50. Franco poste... 1 fr. 75

PULLIAT (V.). Mille variétés de Vignes, description, synonymies; par V. PULLIAT, Professeur de Viticulture à l'Institut national agronomique, 3e édition. Montpellier, 1888, 1 vol. in-12 de 400 pages; prix 4 fr. Franco poste........... .... 4 fr. 50

VIALA (P.) et FERROUILLAT (P.). Manuel pratique pour le traitement des maladies de la vigne; par Pierre VIALA et Paul FERROUILLAT, Professeurs à l'École nationale d'Agriculture de Montpellier, avec une planche en chromo et 65 figures dans le texte. Montpellier, 1888, 1 vol. gr. in-18; prix 2 fr. Franco poste... 2 fr. 25

DESPETIS (Dr). Traité pratique de la culture des Vignes américaines; par le Dr DESPETIS, 2e édition, revue, corrigée et augmentée. Montpellier, 1887, 1 vol de 300 pages environ; prix 3 fr. 50. Franco poste.......................... 4 fr.

VIALA (P.) et FERROUILLAT (P.). Traitement du Mildiou, par Pierre VIALA et Paul FERROUILLAT, Professeurs d'Agriculture, avec une planche en chromo et 26 figures dans le texte. Montpellier, 1887, 1 vol. grand in-18; prix 1 fr. Franco poste... 1 fr. 15

Montpellier. — Typ. CHARLES BOEHM.

www.ingramcontent.com/pod-product-compliance
Lightning Source LLC
LaVergne TN
LVHW050425160826
845677LV00002BA/538

* 9 7 8 2 3 2 9 6 9 2 6 2 3 *